Bärbel Danneberg

Alter Vogel, flieg!

Tagebuch einer pflegenden Tochter

PROMEDIA

Druck gefördert von der Stadt Wien, Kulturabteilung/Literaturförderung.

Bibliografische Information der Deutschen Bibliothek
Die Deutsche Bibliothek verzeichnet diese Publikation in der Deutschen Nationalbibliografie; detaillierte bibliografische Daten sind im Internet über http://dnb.ddb.de abrufbar

2., unveränderte Neuauflage 2009
Homepage: www.mediashop.at

Lektorat: Karin Ballauff
Umschlaggestaltung: Gisela Scheubmayr
Buchgestaltung: Jo Schedlbauer
Druck: AZ Druck und Datentechnik GmbH
Printed in Germany
ISBN 978-3-85371-286-3

Die Autorin

Bärbel Danneberg, 1943 in Berlin geboren, zwei Töchter, zwei Enkelkinder. Berufe: Maßschneiderin, diplomierte Krankenschwester, Kneipenwirtin in Westberlin, seit 1974 Journalistin in Wien, mittlerweile pensioniert. Journalistisch für diverse feministische Medien tätig, hauptberuflich für die „Volksstimme", langjährige Chefredakteurin der „Stimme der Frau". Sie lebt in Wien.

Vorwort

„Du alter Vogel", sagt Julius, mein Mann, „jetzt bleib doch endlich still sitzen und lass mich in Ruhe." „Ach, mein Kleiner", sagt Else, meine Mutter, „jetzt komm ich und gebe dir ein Küsschen." Mein Mann hat ein Zeichenblatt vor sich liegen und Filzstifte in der Hand. Meine Mutter hat eine Teetasse vor sich stehen und ihren Teddybären auf dem Schoß. Unsicher erhebt sie sich und beginnt, mit wackeligen Schritten um den Tisch herumzugehen. Die beiden sind seit Stunden miteinander beschäftigt. Mein Mann, indem er die Zeit, in der er meine Mutter betreut, damit verkürzt, dass er schnelle Skizzen von ihr anfertigt. Meine Mutter, indem sie seine Aufmerksamkeit mit allen Mitteln auf sich lenkt: Küsschen werfen, rufen, unsicher aufstehen, stöhnen, schimpfen, schmollen, lachen, Grimassen schneiden, beleidigt sein. Diese ganze Palette an Ausdrucksmöglichkeiten hält mein Mann in seinen Zeichnungen fest.

Die Ausbildung meines Mannes als akademischer Maler und später als Pädagoge war sicher ausschlaggebend dafür, dass meine Mutter sein besonderes „Objekt der Begierde" wurde. Zum einen bot es ihm die Möglichkeit, einen schönen alten Menschen – und meine Mutter war, so unbedeutend ihr das Aussehen in jüngeren Jahren vielleicht gewesen sein mag, im hohen Alter eine sehr schöne Frau – auf einem weißen Blatt Papier mit einem Zeichenstift einzufangen; zum andern galt seine Neugierde den Verhaltens- und Lernprozessen, zu welchen betagte, demenzkranke Personen noch fähig sind.

So entwickelte er in unserem Betreuungsalltag eine Vielzahl an erstaunlichen Einfällen, die eine vergessliche, senile Person zumindest streckenweise wieder ankoppeln sollten an das alltägliche Leben. Die Schwimmversuche meiner Mutter als Nichtschwimmerin zählen ebenso dazu wie die Saunabesuche, die Supermarkt- und die Galeriebesuche, das Heimtrainerstrampeln oder die „paradoxe Intervention", mit denen Julius widerständige Reaktionen durch Provokationen zu wecken suchte. Dies steht im Widerspruch zu der von Naomi Feil (1*) vertretenen Empfehlung, alte Menschen so zu nehmen, wie sie sind, und sie in ihrer verwirrten Erinnerung nicht zu korrigieren oder zu ärgern. Grundprinzip sei, so Feil, die Vermeidung von Stress für den älteren Menschen durch die Akzeptanz seiner Sichtweise. Julius jedoch tat häufig das Gegenteil: Er provozierte und stichelte, und meine Mutter zeigte nach dumpfer Trübsalstimmung wieder waches Interesse an ihrer Umwelt.

Das spielte sich dann ungefähr so ab: Er: „He, du alte Schachtel, warum bläst du denn so Trübsal?“ Sie unwirsch: „Lass mich!“ Er, indem er sie mit ihrem Krückstock am Hals kitzelt: „Na, nun sei doch mal ein wenig netter.“ Sie: „Ich hau dir gleich eine runter. Lass das.“ So geht das ein Weilchen hin und her – mein Mann wird immer lästiger und sie immer wütender. Sie fletscht die Zähne, zieht an ihrem Krückstock. „Meiner“, sagt sie, „gib her“, er lässt aber nicht los, und sie droht ihm mit der Faust. „Du alter, du Scheuersack“, schimpft sie, „das sag ich meiner Mutter. Gleich kriegst du welche!“ Er nimmt die Brille ab und sagt: „Na, hau mich doch“, und sie macht Anstalten, es zu tun, es wird aber nur ein Streicheln. Er jammert: „Au, au, au“, und sie schaut triumphierend zu ihm auf. Schließlich turtelt mein Mann mit ihr, deutet Küsschen an, gibt ihr den Stock, und meine Mutter fängt herzlich zu lachen an. „Na mein Kleiner“, sagt sie, „wir verstehen uns doch.“ Dann erhebt sie sich mühsam und wankt auf ihn zu, er nimmt sie in die Arme, wiegt sie sanft ein wenig hin und her, und sie, die kleine, zerbrechliche Frau, schmiegt sich an den großen, fülligen Mann. Ein solcher Abend verspricht Ausgeglichenheit und Heiterkeit.

Als meine demenzkranke Mutter 2003 aus Berlin zu uns nach Wien übersiedelte, wusste ich nicht, *wie* krank sie ist. Ich ahnte auch nicht, was es heißt, Tag und Nacht mit einer verwirrten Greisin, die mir mehr oder weniger fremd geworden war, unter einem Dach zu leben und sie in all ihren Besonderheiten zu pflegen. Meine Mutter hatte in Berlin nach dem Tod meines Vaters mehrere Jahre alleine in ihrer Wohnung gelebt, und ich war seit dreißig Jahren in Wien. Die neue Begegnung mit meiner Mutter sollte für alle Beteiligten ungeahnte Welten eröffnen.

Gibt es denn wirklich keine andere Möglichkeit der Betreuung, fragt eine Freundin, die unsere Belastung sieht. Spontan sage ich: Nein. Was aber so nicht stimmt. Mein Mann machte den Vorschlag, meine Mutter im Alter zu uns zu nehmen. Schließlich hatte ich dieses Angebot auch seiner Mutter gemacht, die aber in Salzburg in ein privates Pflegeheim ging und dort gestorben ist. Mein älterer Bruder und seine Frau, die meine Mutter nach dem Tod unseres Vaters in Berlin versorgt hatten, meinten, jetzt sei ich dran mit den Pflegediensten, denn schließlich sei ich nun in

Pension. Meine beiden anderen Geschwister waren noch berufstätig und hätten keine Betreuungsarbeit leisten können. Meiner Mutter wurde versprochen, dass sie niemals in ein Altersheim kommen würde. Und so unternahmen die Berliner Verwandten auch keine Vorbereitungen, sie rechtzeitig in einem Heim anzumelden.

Trotzdem hätte ich nein sagen können – und es hätte sich eine andere Lösung finden lassen müssen. Schließlich hatte mein Vater mit seiner Telekom-Rente meine Mutter ganz gut für das Alter abgesichert, sie, die zeitlebens Hausfrau war und vier Kinder großgezogen hat. Es wären also finanzielle Mittel vorhanden gewesen – wenn auch bescheidene, aber sie hätten ausgereicht, um beispielsweise eine Krankenschwester aus den neuen EU-Ländern für die Pflege in ihrer Berliner Zweizimmerwohnung zu bezahlen. Also die viel diskutierte böhmische Lösung, die in Österreich als slowakische ein Licht auf den akuten Pflegenotstand wirft. Wozu ein ehemaliger Bundeskanzler der Alpenrepublik meinte, es gebe ihn nicht, obwohl auch seine Schwiegermutter diese Vorzüge genoss.

Rund 80 Prozent der Pflegefälle werden zu Hause von meist weiblichen Angehörigen betreut. Wieso entscheiden sich so viele Menschen für diese aufreibende und psychisch sehr belastende Betreuung in den eigenen vier Wänden?

In den vier Jahren, in denen mein Mann und ich meine Mutter pflegten, hat sie sich sehr verändert. Aus der mir fremden, demenzkranken Frau mit dem weltabgewandten Blick und der Kauderwelschsprache wurde eine mir vertraute, manchmal sehr wache, aber gebrechliche Mutter, die ihr Ende mit großer Würde und Geduld trug. Anfangs konnte sie noch längere Spaziergänge machen, später mussten wir sie im Rollstuhl spazieren fahren. Sie wurde bettlägerig, musste gewickelt, gewaschen, gefüttert werden, sie konnte nicht mehr alleine auf die Toilette gehen und verweigerte zum Schluss das Essen. Nur mit größter Geduld gelang es uns, ihr die notwendige Flüssigkeit, Nahrung und Medikamente einzuflößen. Doch noch immer zögerten wir, sie in ein Pflegeheim zu geben, für welches sie bereits seit Monaten vorgemerkt war. Weshalb zögerten wir?

Mein Mann und ich hatten oft darüber gesprochen, wann der Zeitpunkt für ein Pflegeheim gekommen wäre: nicht, solange sie körperlich noch so gut beisammen ist; nicht, solange ihr das Essen so gut schmeckt; nicht, solange sie Freude an ihren Urenkeln hat; nicht, solange sie uns erkennt und zwischen ihrer Weggetretenheit wache Momente hat; nicht, solange wir das noch irgendwie packen ... Der Zeitpunkt hat sich immer mehr verschoben. Uns war klar, dass ein Pflegeheim einen großen Schritt auf Mutters Ende zu bedeuten und ihr Sterben beschleunigen würde.

Weshalb tun wir uns das bloß an – die durchwachten Nächte, die Ängste und Anstrengungen, die selbst gewählte Isolation und Abhängigkeit, die rigide Einschränkung unseres Lebensraumes?

Ein christliches Motiv in dem Sinne, dass wir uns dadurch einen Platz im Himmel versprochen haben, gab es für uns nicht. Wohl eher war es ein vages Gefühl von Gerechtigkeit oder Mitmenschlichkeit, das uns motivierte, vielleicht auch so etwas wie Sinnsuche in einer ichbezogenen Welt, in der Solidarität gegenüber Schwächeren immer mehr verloren geht.

Ich denke viel an meine Kindheit zurück und bin dankbar für alles, was meine Mutter für mich getan hat: Sie hat uns vier Kinder durch einen Krieg gebracht und danach durch eine Zeit der Entbehrungen; später die Handarbeitsaufgaben, die sie nachts für mich erledigte für die Schneiderschule, die ich besucht habe, oder die Betreuung meiner kleinen Tochter, die sie klaglos übernahm, damit ich meine Krankenschwesternausbildung beenden konnte. Und später ihre Hilfe, als ich Alleinerzieherin war. Irgendetwas davon muss zurückkommen – das war unser Motiv.

Vielleicht aber wollten wir uns nur schmücken mit unserer Gutheit? Vielleicht waren es auch finanzielle Motive, denn immerhin trug meine Mutter zu unserem Familieneinkommen bei, wenngleich ein Großteil für die Betreuung durch soziale Dienste oder für fremde Hilfe, die wir gut entlohnten, wieder draufging. Mit dem Pflegegeld „Stufe 3“, das meiner Mutter nach langen Kämpfen zum Schluss bewilligt wurde, kann man letztlich keine großen Betreuungssprünge machen. Das zusätzlich zum Haushaltseinkommen verfügbare Pflegegeld ist dennoch ein – wenn vielleicht auch nicht das wichtigste – Motiv, weshalb so viele Angehörige bereitwillig diese Dienste leisten.

Ein Hauptgrund aber sind fehlende, gute und bezahlbare Einrichtungen, in die man Angehörige guten Gewissens geben könnte. Diese „typisch weibliche“ Tätigkeit wird somit in den privaten Bereich verlagert, womit die öffentliche Hand sich einen Haufen Ausgaben erspart. Mir ist auch klar, dass ich durch meine Pflegearbeit dazu beigetragen habe, das Klischee vom weiblichen Ehrenamt aufrechtzuhalten und damit ein Rollenmuster, das ich eigentlich ablehne. Und dennoch ...

Der wichtigste Grund für mich, meine Mutter selbst zu betreuen, war ein anderer: Bevor ich dreißig Jahre lang als Journalistin gearbeitet habe, habe ich durch meinen Beruf als Krankenschwester unzählige Male mitbekommen, was mit alten, verwirrten Menschen passieren kann. Ich habe zum Beispiel in Berlin/West auf einer psychiatrischen Abteilung erlebt, wie unruhige Patienten am Heizkörper festgebunden wurden, um sie am Weglaufen zu hindern. Ich habe im alten Allgemeinen Krankenhaus in Wien Betten mit hohen Netzen gesehen, in denen die Schützlinge mit leeren Blicken lagen und vor sich hindämmerten. In Erinnerung sind mir alte Frauen, die sich die Befreiung von der Schüssel mit Trinkgeld erkaufen wollten. Ich sehe die wund gelegenen Rücken vor mir, offene Gesäße, übersät mit Druckgeschwüren, und ich höre das jammernde „bitte, bitte". Und schließlich sehe ich die Magensonden, die Infusionen, die Beatmungsgeräte, diese gesamte technisch hochgerüstete Apparatur, durch die alte Menschen daran gehindert werden, in Ruhe und in Würde zu sterben.

Vieles ist seitdem sicher besser geworden. Doch auch heute geschehen die unglaublichsten Dinge in Betreuungseinrichtungen, wie der „Fall Lainz" in Wien gezeigt hat. Man muss nicht erst das kritische Tagebuch vom früheren Pflegeombudsmann der Stadt Wien, Werner Vogt, lesen, um zu erfahren, dass „eine allgemeine Feindseligkeit gegen biologisch Schwache, unbrauchbare Alte, chronisch Kranke" besteht. „Es herrscht eine schlechte Großwetterlage für Alte, wenn in Institutionen Gewalt gegen sie ausgeübt wird, sei es nun verbale Gewalt, Zwangsmaßnahmen, Ruhigstellung durch Medikamente oder strukturelle Gewalt in Form einer nicht vorhandenen Tag-Nacht-Struktur, fehlenden Besuchs, des Dahindösens vor dem Fernseher in einer Pseudohospitalsatmosphäre bis zum Lebensende." (2*) Das wollte ich meiner Mutter ersparen.

In den vier Jahren häuslicher Pflege ist mir meine fremde Mutter sehr vertraut geworden, eine neue Nähe ist entstanden, die ich nicht missen will. Und wir haben sehr lustige Situationen miteinander erlebt, in denen wir herzlich lachen konnten. Vor allem habe ich eine ganz neue, humorvolle, gelassene, fürsorgliche und altersweise Seite an meinem Mann kennengelernt, die uns allen half, auch die schweren Momente zu bewältigen. Darüber schreibe ich in meinen Tagebuchaufzeichnungen. Sie kreuzen sich mit meinen Kindheitserinnerungen an meine Mutter im Berlin der Nachkriegszeit, ergänzt durch Feldpostbriefe meines Vaters von der Front des Zweiten Weltkrieges.

Meinen Vorsatz, sie bis zum Schluss zu betreuen, habe ich nicht einhalten können. In den letzten Wochen ging es ihr so schlecht, dass wir uns außerstande sahen, sie weiter zu versorgen. Schweren Herzens haben wir uns entschlossen, sie in ein Pflegeheim zu geben. Dort wurde sie gut betreut, aber ich war traurig, dass meine Mutter, die uns in den vier Pflegejahren so nahegekommen war, die letzte Strecke ihres Lebens alleine zurücklegen musste.

In der Zeit dieser intensiven Betreuung haben Julius und ich uns oft damit auseinandergesetzt, was das Leben lebenswert macht und gelernt, die kleinen Freuden zu schätzen. Und immer häufiger haben wir uns mit dem Thema Tod beschäftigt. Womit wir nicht gerechnet haben: dass der Tod als Erstes bei uns anklopfte – so plötzlich, so unerwartet, dass keine Zeit mehr blieb, über unser eigenes Sterben nachzudenken. Als mein Mann sehr plötzlich schwer krank wurde und die Aussichtslosigkeit seiner Krankheit erkannte, ging er freiwillig aus dem Leben. Meine Mutter folgte ihm acht Wochen später. Freiwillig? Wer weiß das schon so genau. Jedenfalls hat sie gerade einmal zweieinhalb Monate Pflegeheim überstanden. Sie befand sich im 95. Lebensjahr, mein Mann war 62 Jahre alt.

Ich habe den Tod meines Mannes, der sich mit dem Lebensende meiner Mutter überschnitten hat, aus den Tagebuchaufzeichnungen ausgespart, weil ich nicht fähig war, darüber zu schreiben. Mir ist es aber ein Anliegen, ihn durch seine Zeichnungen und Skizzen, die er von meiner Mutter angefertigt hat, in diesem Buch weiterleben zu lassen.

Der Tod dieser beiden geliebten Menschen war eine Zäsur in meinem Leben. Das einsame Weiterleben ist eine täglich neue Herausforderung. Besonders geholfen haben mir dabei meine Kinder und Enkelkinder, unsere Freundinnen und Freunde, meine Geschwister und deren Familien, die mich unterstützt haben, und nicht zuletzt dieses Buchprojekt, das mich zur Auseinandersetzung herausgefordert hat. Hier gilt mein Dank Hannes Hofbauer, Promedia Verlag Wien. Ihnen und allen, die uns auf dem abenteuerlichen Weg der Mutterpflege begleitet haben, möchte ich danken.

Mein Dank gilt auch der Wiener Obdachlosenzeitung „Augustin", die erste Textproben von mir und Zeichnungen meines Mannes veröffentlichte und mir dadurch Mut machte.

Vor allem jedoch möchte ich meinem Mann für seine übergroße Hilfe danken, auch wenn das nur mehr posthum möglich ist.

Bärbel Mende-Danneberg
Wien, im Juli 2008

Ich möchte einmal verbrannt werden, wenn ich sterbe, sagte meine Mutter. Ein Wunsch, den sie so nebenbei zwischen Kuchenteigrühren und Ofeneinheizen äußerte. Ich war damals vielleicht vier oder fünf Jahre alt, und der Ausspruch war für mich derart entsetzlich und bildlich gegenwärtig, dass ich immerzu im Herdfeuer, das sie für den Kuchen schürte, ihre verbrannten Knochen zu sehen glaubte. Ihre dahingesprochene Arglosigkeit irritierte mich. Wie kann sich jemand wünschen, verbrannt zu werden, das tut doch weh, auch wenn man tot ist! Woher will sie denn wissen, dass tot sein heißt, nichts mehr zu spüren?, dachte ich.

Zum ersten Mal zweifelte ich an der Unfehlbarkeit meiner Mutter. Ich stellte mir vor, wie das Feuer ihre kräftigen Arme umzüngelt, wie ihre damals noch schwarzen Haare in einem Leuchtfeuer aufgehen. Derartige Bilder hatte ich in der Kinderbibel gesehen. Meine ungläubige Mutter. Ich denke, der Glauben ist ihr im Krieg abhanden gekommen. Doch davon wusste ich damals noch wenig. Mein Erbarmen mit ihr war groß und ich bat den lieben Gott in ihrem Namen um Gnade und Verzeihung. Als sie mir ihren Finger zum Kuchenteigabschlecken hinstreckte, wurde mir schlecht.

2003

Meine Mutter Else ist seit fünf Tagen bei uns in Österreich. Eine unvorstellbare Veränderung – mit 91 Jahren von Berlin nach Wien zu übersiedeln! Sie lebt mit meinem Mann Julius und mir in Wien Landstraße in unserer Wohnung, die zum Glück so groß ist, dass sie ein eigenes Zimmer haben kann. Auch einen Fahrstuhl mit Sitzbank gibt es. Das ist wichtig, denn meiner Mutter ist oft schwindelig, sie kann deswegen kaum alleine gehen. Sie braucht einen Stock und muss am Arm geführt werden. Wir wohnen gegenüber vom Botanischen Garten und ich denke, dass wir dort öfter spazieren gehen werden mit ihr, denn das ist nicht weit weg und dort gibt es Bänke, auf denen sie sich immer wieder ausruhen kann.

Kommendes Wochenende fährt sie mit uns in unser Bauernhaus ins Waldviertel, das wir an den Wochenenden zusammen mit Freunden, mit unseren Kindern und Enkeln bewohnen. Das ist so etwas wie eine kleine Landkommune, aber jeder hat seinen eigenen abgetrennten Bereich. Auch dort haben wir ein Zimmer für meine Mutter eingerichtet, das gleich an die Dusche und die Toilette anschließt, was sich noch als sehr praktisch erweisen wird.

Gleich in der ersten Nacht – es war eine schöne, laue Liebesnacht mit meinem Mann – stürzte Mutter schwer. Da lag sie nun mitten in der Nacht auf dem steinernen Boden und jammerte laut: „Hilfe! Hilfe! Ach Else ...“ Ein Häufchen Elend. Ich half ihr hoch, zog ihr trockene Sachen an, denn vor Schreck war das Nachthemd nass. Dann brachte ich sie wieder ins Bett.

Auf diese eindringliche Weise beschlich mich zum ersten Mal ein Hauch von Ahnung, dass meine Mutter in einem gesundheitlichen Zustand war, der mehr Betreuungsaufwand erforderlich machte, als ich vermutet hatte. Der Sturz war zum Glück glimpflich ausgefallen: blauschwarzer Arm, lädiertes Kinn, blauer Finger, aufgeschlagene Knie und Rippenschmerzen. Es hätte schlimmer sein können – Oberschenkelhals oder Gips oder so.

Eine beklemmende Angst kam in dieser Nacht plötzlich hoch in mir: für die nächsten Jahre eingemauert zu sein in Betreuungspflichten, die ich nicht mehr abgeben kann; Verantwortung für einen Menschen zu übernehmen, der sich nicht an die von mir aufgestellten Spielregeln einer problemlosen Betreuung hält und mich und meinen Mann an unsere Grenzen führt. Wie recht sollte ich mit dieser Ahnung behalten.

Doch darüber hatten wir uns, als wir diese Entscheidung trafen, keine ernsthaften Gedanken gemacht. Die Berliner Verwandtschaft versicherte, wie problemlos und genügsam Mutter sei, sie würde den ganzen Tag vor dem Fernseher sitzen und auch sonst keine Ansprüche stellen. Und so machten wir uns relativ unschuldig an diese Aufgabe.

ഗ.ര

Die letzten Nächte waren fürchterlich, Mutter geistert herum. Ich habe zu wenig Schlaf. Ich habe Angst, dass sie wieder stürzt. Wie es ihr psychisch mit der Umstellung geht, weiß ich nicht, ich kann es nur ahnen. Manchmal blickt sie ganz verloren in die Gegend, fragt, wie sie denn wieder zurückkommt. Wohin denn? „Nach Hause, Berlin-Lichterfelde“, sagt sie. Ich erkläre ihr, dass sie erst einmal bei uns bleibt und wir für sie sorgen werden. Sie küsst mich und sagt, es sei schön, wenn man eine Familie habe. „Ach Mädchen, was würde ich denn ohne dich machen“, seufzt sie und schaut mich wie aus weiter Ferne an. Das rührt mich sehr.

Es ist anstrengend, zu jeder Tages- und Nachtzeit bereitzustehen. Ich hoffe aber, dass es mit der Zeit besser werden wird, wenn Mutter sich an die Umstellung gewöhnt hat.

Meine Mutter, mein älterer Bruder Peter, meine Schwester Chris und ich lebten zusammen mit den Tanten Leni und Marie und der Oma, der Mama meiner Mutter, in einer Dreizimmerwohnung in der Marschnerstraße in Berlin-Lichterfelde. Sieben Leute auf engem Raum. Die Wohnung meiner Eltern war ausgebombt. Mein Vater war im Krieg. Ich wurde 1943 geboren, mein jüngster Bruder Joachim kam erst nach Kriegsende zur Welt.

In dieser Wohnung war ein Trichterklo aus Blech mit einem runden Abfluss, von dem ich glaubte, er würde mich mit seinem Strudel hinab in den Kanal ziehen. Ich hatte schreckliche Angst vor dem Klogehen, und meine Mutter musste die Spülung ziehen, weil ich mich nicht traute.

Womit ich nicht gerechnet habe ist, dass meine Mutter Alzheimer hat. Davon hatte uns niemand etwas gesagt. Seit dreißig Jahren lebe ich in einem anderen Land und habe meine Mutter nur in den Sommerferien gesehen, die sie oft bei uns im Bauernhaus verbrachte, oder wenn wir meine Schwägerin und meinen Bruder bei der Betreuung in Berlin für kurze Zeit unterstützt haben. Meine Mutter war zwar vergesslich und hatte immer einen passenden Spruch parat – aber Alzheimer? Oder ist es eine Altersdemenz? Ich kenne mich damit nicht aus.

Nun lebt eine fremde Frau bei uns. Sie. Meine Mutter.

Mutter musste nun doch für fünf Tage ins Spital gehen, der blau angelaufene, geschwollene Arm wurde aufgeschnitten. Mit Schrecken habe ich dort festgestellt, dass sie ihren Namen nicht schreiben kann, als sie die Einwilligung zur Narkose geben sollte. Sie wusste nicht, wer sie ist! Sie hatte keine Ahnung, was zu tun sei mit dem Zettel, sah mich mit ihren Mausäuglein hilflos an, zuckte mit den Schultern, drehte den Kugelschreiber unsicher hin und her und legte schließlich alles resigniert zur Seite.

Am schlimmsten traf mich ihr total verängstigter Blick, dieses Ausgeliefertsein in einer Situation, die sie nicht versteht. Ich führte letztlich ihre

Hand, obwohl das ein Übergriff ist. Aber sollte sie deswegen nicht operiert werden können? Der Arzt drückte ein Auge zu und tat so, als bemerke er nichts. Die Röntgenaufnahmen von den inneren Organen meiner Mutter würden wie bei einem Säugling ausschauen, sagte mir der Arzt, ohne jeden Makel und ohne Auffälligkeiten.

Nun ist sie wieder zu Hause und erholt sich zunehmend. Stündlich muss ich ihr den Arm einreiben, kalte Kompressen draufgeben – Pflege rund um die Uhr.

Julius hat ein nettes Programm für sie vorgeschlagen – versuchen wir es doch mit Malen, Lesen oder Musikhören, meinte er. Aber sie ist dazu gar nicht fähig, starrt unverwandt auf das leere Blatt, dreht hilflos den Malstift in der Hand. Lesen geht überhaupt nicht, das Vorlesen versteht sie nicht und Musikhören scheint ihr unangenehm zu sein, vielleicht auch deshalb, weil sie schwer hört. So stehen wir irgendwie ratlos neben ihr und wissen nicht, was wir mit ihr anfangen sollen.

Wir fragen uns, was das ist: Alzheimer. Ist es das überhaupt? Wie kann man damit umgehen? In dem Buch „Validation" (1*) steht, man soll die Alten so nehmen wie sie sind, sie nicht ständig korrigieren, sondern sie ernst nehmen und einfühlsam auf sie in ihrer geistigen Abwesenheit eingehen. Das fällt mir schwer. Ich will ihre Verwirrtheit nicht wahrhaben. Versuche, sie in Gespräche zu verwickeln, die ihr Erinnerungsvermögen auffrischen, Erinnerungen, die sie unwiederbringlich verloren hat. Sie schaut mich an und lächelt geistesabwesend.

Dieses Bild ist unauslöschlich in mir: Ich liege in einem Kinderbett, ringsum Gitterstäbe, meine Hände sind festgebunden mit weißen Binden. Es kommt ein Gesicht auf mich zu, umrahmt von einem großen, schwarzen Hut, und der rote Mund kommt näher und näher, will mich küssen. Ich drehe meinen Kopf, aber ich kann mich nicht wehren, weil die Hände angebunden sind.

Das Gefühl der Wehrlosigkeit ist eines der schlimmsten, das ich kenne. Ich habe es später mit meinen Geliebten auch nie gemocht, wenn sich einer über mich beugte, meine Arme festhielt und ich wehrlos am Rücken lag.

Gestern haben wir Mutters 91. Geburtstag im Waldviertel gefeiert. Mein kleiner Bruder Joachim und seine Tochter aus Berlin waren hier. Mutters Enkel und Urenkel und die Mitbewohner in unserem Bauernhaus haben sie hochleben lassen und kleine Geschenke gebracht: ein Kuschelkissen, ein Stofftier, ein Halstuch, ein Paar neue Pantoffeln. Mutter hat gestrahlt und es offensichtlich genossen, dass so viel Wind um sie gemacht wurde. Sie hat sich Gulasch zum Essen und Kirschkuchen zum Nachtisch gewünscht und es hat ihr gemundet.

Auch eine Freundin von uns war hier, mit der ich mich angeregt unterhalten habe. Mutter sah sie plötzlich mitten im Kirschkuchenessen giftig an und sagte klar und deutlich zu ihr: „Du olle Ziege, du kannst mir gestohlen bleiben." Peinlich. Na ja, sie will einfach meine ganze Aufmerksamkeit.

Meine Mutter sagte mir, ich hätte als Kind so sehr Daumen gelutscht, dass selbst Senf auf die Fingerkuppen streichen oder Handschuhe überstülpen nichts genutzt hätten. Deswegen band sie einmal meine Hände nachts am Gitterbett an. Aber auch das habe nichts genutzt. Dabei hätte sie mich doch so lange gestillt.

Das Zusammenleben mit der alten, fremden Frau belastet unsere Beziehung schon sehr. Vor ein paar Tagen hat mein Mann vorgeschlagen, mehr Abstand zu ihr zu organisieren.

Vorwürfe, er würde an meinem Gängelband hängen, mein Umturteln der Mutter sei lächerlich, ich würde in sie hineinkriechen wie in die Kinder ... Ungute Streits über Kleinigkeiten. Wir setzen uns mit unseren Kalendern zusammen und arbeiten einen Stundenplan aus, wann wer mit welchen Aufgaben für sie verantwortlich ist.

Dennoch: Unsere Nerven liegen blank. Gegenseitige Schuldzuweisungen. Mutter sei gestürzt, weil ich nachts das Licht nicht hell genug eingeschaltet hätte, meint Julius. Er sei ja nur eifersüchtig, sage ich. Neuerdings schaue es bei uns aus wie bei einer Oma, ich würde alles vollhängen mit Deckchen und Kitschzeug, er würde seine eigene Wohnung nicht mehr erkennen, der Teppich aus Berlin in Mutters Zimmer, so etwas Grausliches würde er sich nie hinlegen. Ich werfe ihm vor, er führe sich auf wie ein Pascha von der Ästhetikkommission, warum nehme er sich heraus zu bestimmen, ob Deckchen oder Nippes von der Mutter in ihrem Zimmer sein dürfen oder nicht, das schaffe ihr doch schließlich eine vertraute Umgebung, auch wenn das nicht mein oder sein Geschmack sei.

Ich bin gereizt. Er ist gereizt. Es entsteht eine Distanz zwischen uns, die wir nur überbrücken, indem wir miteinander reden und uns dieser neuen Situation bewusst werden: Es ist für uns eine totale Umstellung, das Leben und den Alltag mit einer alten, verwirrten Frau zu teilen. Noch vor wenigen Wochen war ich als Journalistin voll aktiv im Berufsleben, und nun bin ich als Pensionistin und Pflegekraft ans Haus gefesselt mit meiner Mutter, die mir so fremd ist. Mein Mann hat zumindest noch seinen Lehrerberuf, der ihm Spaß macht, und auch das Unterrichten an der Akademie der Bildenden Künste bringt ihn unter andere Leute.

Ich fühle mich sehr, sehr allein.

Einmal war meine Mutter krank. Ich besuchte sie mit meinem Vater im Spital, fremd, bleich und blass lag sie in den Kissen. Ihr Bauch musste aufgeschnitten werden. Ich war gerade in die Schule gekommen und meine Geschwister und ich versicherten ihr, für den Vater zu sorgen, während sie im Krankenhaus lag. Mein Vater erzählte meiner Mutter, dass ich am Abend zuvor einen Salat zubereitet und er einen langen Regenwurm aus den Blättern herausgezogen hätte. Ich wollte im Boden verschwinden vor Scham. Meine Mutter aber lachte so sehr, dass ihr der Bauch wehtat. Ich küsste sie zum Abschied erleichtert, und mir fiel wieder ihr Wunsch ein, verbrannt zu werden. Vor Schreck stützte ich mich auf ihren frisch operierten Bauch, und sie stöhnte tief auf. Was wusste ich von ihren Schmerzen, und was wusste sie von meiner Angst?

Die Nächte sind schrecklich, ich liege manchmal stundenlang wach, habe Schmerzen im Bein, meine Hüfte macht mir seit einiger Zeit zu schaffen. Ich sinniere – über unsere Beziehung, die sich durch die neue Situation verändert, vor allem über meine Mutter und ihren seelischen Zustand. Sie ist faktisch nicht mehr zurechnungsfähig. Jeden Tag die gleiche Frage, wo sie denn schlafen soll. Sie weiß nicht, wo sie ist, weiß nicht, wer ich bin – „eine Betreuerin“, sagt sie. Sie redet mich mit „Sie“ an, „das ist aber nett von Ihnen“, lächelt sie höflich, wenn ich ihr das Essen hinstelle, kettet sich aber an mich wie ein Wachhund und verdreht die Augen, wenn Julius sich um sie kümmern möchte. Dann fängt sie an zu zittern, und wenn sie mal eine Viertelstunde unbeachtet in ihrem Sessel sitzt und ich komme dazu, klagt sie: „Sie haben mich wieder hier abgestellt.“

Einmal versuchte ich ihr energisch klarzumachen, dass wir uns von morgens bis abends um sie kümmern, dass niemand sie abstellt und sie von uns gut versorgt wird. Da schaute sie ganz verzagt zu mir auf, wie ein Kind, mit dem geschimpft wird.

Dann wieder jammert sie: „Er hat mich da eingetunkt“, wenn mein Mann mit ihr Malversuche startet. Sie tut mir schrecklich leid, aber ihre geistige Enge ist mir so fremd. Das ist schwer auszuhalten. Ich muss bewusst an ein kleines Kind denken, das nicht anders kann, und ich muss lernen, es nicht so nah an mich herankommen zu lassen. Aber sie ist ja nicht mein Kind! Was hat sie denn nur den ganzen Tag alleine in Berlin gemacht? Dort hat sie, wie uns gesagt wurde, tagsüber zufrieden in ihrem Sessel vor dem Fernseher gedöst.

Als Mutter in Wien ankam, schaute ich ihre Medikamente an. Neben einem „Stimmungsaufheller“ und Blutverdünnungsmittel brachte sie auch etliche Fläschchen mit Beruhigungstropfen mit, die man ihr geben sollte, wenn sie unruhig sei. Unser Arzt sagte, das seien ziemliche Chemiebomben und wir sollten versuchen, sie wegzulassen. Der Beipackzettel war beängstigend lang, die Liste der Nebenwirkungen inklusive Persönlichkeitsveränderungen endlos. Es wundert mich nicht, dass Mutter in Berlin stundenlang in ihrem Sessel lag und den Fernseher anstarrte.

So ein Sommer! So viel Sonne! Und diese Trockenheit! Nach dem Jahrhundertregen im letzten Jahr nun dieser wunderschöne Sommer, der für uns sehr anstrengend ist. Wir haben beschlossen, die Ferien über im Waldviertel zu bleiben. Dort ist es immer noch leichter mit der Betreuung, bilde ich mir ein. Ich kann mit Mutter spazieren gehen oder wir können uns ins Freie in den Schatten setzen. Dieser brütendheiße Sommer in der Stadt würde uns alle noch mehr belasten.

Ich ziehe meiner Mutter einen Badeanzug von mir an, setze sie im Garten auf einen Stuhl und spritze sie mit dem Gartenschlauch lauwarm ab. Das taugt ihr, sie kreischt wie ein kleines Kind, prustet, wirft die Hände in die Höhe und lacht.

Wir haben etwas probiert, das eigentlich beachtlich ist. Mein Mann meinte, wir sollten Mutter bei dieser Hitze doch mit in unseren kleinen Steinbruch-Badeteich nehmen. Nein, habe ich gesagt, da bekommt sie zu sehr Angst. Sie kann nämlich nicht schwimmen. Ach was, sagte er, probieren wir es doch.

Und gestern haben wir sie tatsächlich zum Baden mit in den Teich genommen. Es war ein Erlebnis: Wir haben ihr Badeschlapfen angezogen, die Badeschlangen der Kinder um Brust und Hüften gebunden und ihr Schwimmflügel über die Oberarme gestülpt. Rechts und links haben wir sie geschnappt und die kleine Böschung hinunter zum Ufer geführt. Als ihre Zehen das Wasser berührten, sträubte sie sich etwas und schaute uns unsicher an.

Dann, als das Wasser bis zu ihren Knien reichte, kreischte sie und rief: „Nein, nein, nein!" Mein Mann hat sie umarmt und ist vorsichtig mit ihr Schritt für Schritt ins Nasse gestiegen. Kaum reichte es ihr bis zur Brust, schaute sie mit ganz erstaunten Augen auf die Wellen und befühlte das Wasser mit den Händen. Grenzenlose Verwunderung lag auf ihrem Gesicht. Und dann legte sie sich wirklich auf die Wasseroberfläche, ließ sich an den Händen und unter dem Bauch halten, strampelte mit den Beinen und Julius konnte sie durchs Wasser ziehen. Ihr Gesichtsausdruck zeigte eine Mischung aus Angst, Überraschung und Freude.

Ich denke, das Baden im Teich war ein sehr großer Vertrauensvorschuss, den Mutter uns gab.

Wir waren als Kinder manchmal mit den Eltern im Grunewaldsee baden. Morgens wurden die Sachen gepackt, Decken, Badezeug, Schaufeln, Eimer. Mutter hat ein großes Einweckglas mit Kartoffelsalat zubereitet und Saftflaschen mit selbst gemachtem Himbeerwasser gefüllt. Mit der S-Bahn ging es dann los, voll bepackt stapften wir das letzte Stück barfuß durch den warmen, hellgrauen Heidesand, der locker durch unsere Zehen rieselte.

Es macht Mutter Spaß, sich bei dieser Affenhitze im Teich abzukühlen oder nur am Rand zu sitzen, die Zehen ins Wasser zu tauchen und das schwankende Schilf anzuschauen. Wir haben ihr einen bequemen Gartenstuhl ans Ufer gestellt. Da planscht sie mit den Füßen und schaut den Libellen zu. Dann wieder sagt sie mit misstrauischem Blick auf den Teich: „Nee, nee, da bringen mich keene zehn Pferde rin …“ Erinnert sie sich?

Heute haben wir sie mit zum Dobra-Stausee genommen, als wir die Enkelkinder vom Zelten abholten, auch das gefiel ihr. Wir waren dort im Wirtshaus, und sie verdrückte ein ganzes Schnitzel!

Mit Mutter läuft es besser als zu Beginn. Vor allem Julius ist sehr lieb zu ihr und denkt sich immer neue Sachen aus, damit ihr der Tag nicht so lang wird: Gemüse schnipseln, malen, vorlesen, Musik hören – das hat sie nun, nach zwei Monaten mit uns, zunehmend angenommen. Wir haben kleine Kopfhörer gekauft, kombiniert mit einem Tischmikrophon, damit sie besser verstehen kann.

Heute haben wir sie in den Supermarkt mitgenommen. „Sie weiß doch gar nicht mehr, was es da alles zu sehen gibt“, sagt Julius. Das stimmt. Staunend wie ein Kind vor dem Weihnachtsbaum betrachtet sie die Regale mit den bunten Dingen darin, greift hierhin, wendet sich dorthin, dann wird ihr schwindelig. Zur Belohnung gibt es in der Cafeteria einen Topfenstrudel.

Vor ein par Tagen waren wir mit ihr in Krems in der Jawlenski-Ausstellung. Sie stakste dort mit ihrem Krückstock durch die Kunsthalle und gab ihre Kommentare ab: „Der da“, sagte sie zu dem Selbstbildnis mit Zylinder, „der ist noch von der alten Sorte.“ Auch in die Karikaturen-Ausstellung sind wir gegangen, und sie hat sich über den Schweinekram von Deix amüsiert. Wir haben einen Deix-Bildband gekauft, wenn wir den vor sie auf den Küchentisch legen, blättert sie aufmerksam darin und deutet lachend auf die nackten Genitalien.

Ich habe den Eindruck, dass Mutter zunehmend ihre Sprache wiederfindet, auch wenn sie die Wörter durcheinanderwürfelt und eigenartigste Wortkombinationen bildet. Julius redet sie manchmal mit „Herr Hauptmann“ an, einmal nannte sie ihn „Abmuffel“, manchmal sagt sie zu ihm „der Chef“ oder „Herr Graf“.

Was mich am meisten irritiert, ist ihr Gedächtnis, das wie ein Sieb funktioniert. Keine Erinnerung daran, dass sie kürzlich mit uns im Teich baden war, oder dass sie auf der Kinderschaukel saß, auf der ich sie hin und herschupfte, das hatte ihr doch so gefallen! Was geht in solch einem Kopf vor? Welche Bilder entstehen vor ihrem inneren Auge? Wie benennt sie ihre Welt, die sich in Vergangenem spiegelt? Welche inneren Worte wählt sie für das, was sie äußerlich nur mehr fragmentarisch benennen kann? Was fühlt sie in ihrer neuen Umgebung, deren Geräusche, Gerüche und Gegenstände ihr fremd sein müssen? Ich kann es nur ahnen. Es muss schrecklich sein, ohne Gedächtnis zu leben. Lebt sie ohne Gedächtnis? Oder ist es ihr nur streckenweise abhanden gekommen? Oder fehlt ihr die Begrifflichkeit? Erfährt sie ihre Welt über das Gefühl, das sie wie eine Blaupause aus der Welt des Erinnerns gerettet hat? Man sagt, das Langzeitgedächtnis sei bei Demenzkranken ausgeprägter als das Kurzzeitgedächtnis.

Einmal baute ich sehr vertieft eine Sandburg, holte Wasser aus dem See, füllte damit den Burggraben, legte eine Brücke aus kleinen Ästen darüber, und gerade als ich aus Eicheln die Ritter gebastelt hatte, die über die Brücke setzen sollten, tauchte vor meinen Augen ein riesengroßer, nackter Fuß auf, der in meine schöne Burglandschaft hineinlatschte. Der Heidesand vermischte sich mit meinen Tränen. Diese Zerstörung habe ich dramatisch in Erinnerung, auch mein Vater hat mich damals nicht trösten können, und meine Mutter schimpfte, ich solle mich wegen dieser blöden Sandburg nicht so anstellen.

Wo kann ich mehr über diese Krankheit erfahren? Ich recherchiere im Internet und kaufe mir Bücher, die ich in den schlaflosen Nächten verzweifelt lese. „Leben mit Demenz“ (3*) heißt eines. Ich wollte es eigentlich als Hilfe für die Betreuung meiner Mutter nehmen. Aber beim Lesen begreife ich: Es betrifft mich! Um Gottes willen, ich bin hier gemeint! „Gedächtnisstörung: Das Vergessen von Namen, die Zuordnung von Gesichtern zu Namen, das Vergessen von aktuellen Ereignissen und Terminen, das Verlegen von Gegenständen etc. Treten bei Ihnen oder einem Angehörigen solche Probleme auf, sollten diese durch einen Fachmann abgeklärt werden.“ Da haben wir den Salat. Die Zahlenreihe, die ich mir als Test für Gefährdung einprägen und aus dem Gedächtnis auf ein Blatt Papier schreiben soll, bekomme ich nicht zusammen. Wer ist nun hier die Patientin?

Inzwischen ist meine Mutter schon länger als ein Vierteljahr bei uns. Seit September sind wir wieder in der Stadt. Es hat sich irgendwie eingespielt, den Wechsel vom Land in die Stadt, vor dem ich so große Angst hatte, hat sie erstaunlich gut überstanden. Ich dachte, auf dem Land sei es einfacher mit der Betreuung – aber Mutter wurde unruhig, sie wollte immerzu fort. Nach Berlin. Wie ein eingesperrtes Wildtier streifte sie am Gartentor entlang und wollte hinaus. Ich hatte Angst, dass sie wieder stürzt, mochte sie aber auch nicht festhalten. Also ließ ich sie einfach ihrer Wege gehen und hielt meinen Arm um sie, wenn ich merkte, dass sie strauchelte. Immer war ich hinter ihr aus Sorge, sie könnte wieder fallen und sich alle Gräten brechen. In der Stadt fühlt sie sich erstaunlicherweise sicherer, hier ist sie nicht so rastlos – vielleicht sind ihr als Berlinerin die Häuserschluchten vertrauter? Oder die Großstadtgerüche? Vielleicht ist es aber auch die Enge der Wohnung, die ihren Bewegungsdrang in überschaubaren Dimensionen hält?

Ich war heute mit ihr bei unserem Arzt in Wien, damit er sie kennen lernt. Er hat ihre Medikamente abgeklärt und sich gewundert über den pudelgesunden Zustand der 91-Jährigen. Mutter hat mit ihm gescherzt und geturtelt. Mir hat er eine Überweisung für den Orthopäden und die Schmerzambulanz geschrieben.

Ich schlafe wegen meines kaputten Hüftgelenks zu wenig, habe heftige Schmerzen und weiß nicht, was ich machen soll. Osteopathie? Akupunktieren lasse ich mich ja schon seit Wochen, hilft aber auch nicht so richtig. Die ständige Anspannung überfordert mich: Nachts schlafe ich nicht, weil Mutter immer wieder aufsteht, tagsüber bin ich vereinnahmt durch ihre Anwesenheit.

Heute geht es Mutter nicht so gut, sie liegt und schläft. Das kleine Geschäft geht in die Hosen, ich muss mich erst daran gewöhnen, sie rechtzeitig und ausreichend mit Inkontinenz-Einlagen zu versorgen. Ist ja auch egal, wir haben eine Waschmaschine. Vielleicht ist eine Erkältung im Anflug? Das Wetter ist saumäßig – kalt und regnerisch.

Jedes Mal, wenn Mutter so daliegt, frage ich mich, ob nun die Zeit beginnt: Bettlägerigkeit, Intensivpflege, Abschied vom Leben. Dann denke ich nach übers Sterben und was man ihr noch Gutes tun sollte, und wie das einmal mit uns sein wird.

In den 1960er-Jahren wurde eine Waschmaschine angeschafft. Meine Eltern hatten sie sich vom Munde abgespart, im wahrsten Wortsinn, denn das Essen war bei uns zu Hause immer knapp. Bevor die Waschmaschine der Stolz meiner Mutter wurde, war einmal monatlich Waschtag unten in der Waschküche. Der große Kupferkessel wurde eingeheizt, und wir Kinder mussten mithelfen beim Wäschewaschen. In den Schwaden von weißem Dampf war meine Mutter oft nicht mehr zu erkennen, die, schwitzend über den Zinktrog gebeugt, in der grauen Seifenlauge mit der Bürste erst die Weißwäsche, dann die Buntwäsche rieb. Am schlimmsten war das Spülen in dem eiskalten Wasser, ich hatte kein Gefühl mehr in den Fingern und glaubte, meine Hände würden abfallen.

Habe Mutter heute mit ihrem Hauptwohnsitz polizeilich in unserer Wiener Wohnung und mit dem Nebenwohnsitz im Waldviertel angemeldet. Das ging ziemlich problemlos. Mein Bruder Peter und seine Frau, die Mutters Finanzen verwalten, sind auf Weltreise in Neuseeland. Sie haben nichts mehr von sich hören lassen.

Erfreulich ist es mit unserer Nachbarin in Wien, einer Rechtsanwältin, zu der wir bis jetzt eigentlich kaum Kontakt hatten. Kürzlich sprach sie mich im Stiegenhaus an und fragte, wer denn die alte Frau sei, die nun bei uns lebt. Im Gespräch erfuhr ich, dass sie selbst ihre Mutter und auch ihren Mann bis zu deren Tod gepflegt hat und wie wichtig es sei, Entlastung zu bekommen bei dieser Aufgabe. Spontan erklärte sie sich bereit, einmal in der Woche drei Stunden auf Mutter aufzupassen, jeden Dienstagnachmittag. Es sei wichtig, meinte sie, einen fixen Termin auszumachen, damit man für diese Zeit etwas planen kann und es nicht dem Zufall überlässt. Vorgestern war Premiere, und es hat wunderbar geklappt. Das schätze ich sehr – sie will kein Geld dafür und sagt, sie habe Hochachtung vor jedem, der das macht. Deshalb ihr Angebot. So ist eine neue Freundschaft entstanden, die auch nach dem Tod meiner Mutter bestehen bleiben wird.

Als die Waschmaschine das erste Mal in Gang gebracht wurde, hockte sich meine Mutter vor das runde Fenster und verfolgte das Programm bis zum Ende, als würde sie fernsehen. Dass sich die Wäsche von ganz alleine wäscht, war für sie eines der größten Wunder dieser Welt.

Mit Julius verstehe ich mich zum Glück wieder sehr gut. Wenn ich an die Streits im Sommer denke, muss ich lachen, es war eine totale Überforderung für uns und unsere Beziehung, diese neue Situation mit Mutter. Jetzt hat sich alles eingependelt, und er übernimmt einen Teil der Mutterbetreuung, fährt mit ihr im Auto spazieren und führt sie aus ins Kaffeehaus zum Topfenstrudelessen. Das mag sie. Ab Jänner möchte Julius nur mehr in Altersteilzeit arbeiten, um mich bei der Pflege mehr unterstützen zu können. Ich hab ihn sehr, sehr lieb und bin dankbar für seine Hilfe.

Heute ist Badetag. Haare waschen. Nagelpflege. Davor hat mir anfangs gegraust: Mutters Fußnägel zu schneiden. Ich schaue mir ihre Zehen an: verkrümmt, verwachsen, verhornt. Mit diesen Beinen ist sie vor 60 Jahren über brennenden Asphalt durch den Krieg gelaufen, mit mir schwanger. Ich denke an den Tod, wenn ich ihre Fußnägel betrachte. Ich schaue sie an und weiß nicht, was ich in meiner Erinnerung festhalten möchte. Vielleicht sind es diese körperlichen Dinge, die hängenbleiben, der physische Verfall.

In Erinnerung behalten möchte ich aber ihre oft fröhliche Art. Ihre Genügsamkeit. Ihren Humor. Wie fühlt es sich an mit dem Tod vor Augen? Ich bewundere es, dass sie den Ortswechsel so gut überstanden hat. Man hat ihr alles an Identität dadurch genommen – bis auf die paar Fotos. Aber die Wohnung, die Stadt, das Land, die Menschen, die Gewohnheiten, die Gerüche und die Geräusche sind ihr fremd. Vor allem der Wiener Dialekt.

Seit 1957 umkreiste der sowjetische Satellit Sputnik die Erde. 1969 betrat mit der amerikanischen Raumsonde Apollo 11 erstmals ein Mensch den Mond. Und wir hatten eine Waschmaschine. Für uns war sie wie ein Weltwunder, vergleichbar mit der Mondlandung.

Julius war mit Mutter im Schweizergarten spazieren, und ich habe mir endlich die Termine für die Behandlung meiner Hüfte ausmachen können. Auch das ist neu für uns: Wie bei einem kleinen Kind müssen wir die Mutterbetreuung organisieren, wenn wir ein paar Stunden wegwollen. Jeder Termin wird zur Hürde. Alles muss geplant werden, Spontaneität ist nicht möglich. Nachmittags kommt die liebe Frau Rechtsanwältin, und ich kann schwimmen gehen. Ein guter Tag.

*

Gestern war ich eher deprimiert, weil mit Mutter kaum etwas anzufangen ist, sie ist so interesselos. Und dabei so lieb. Aber manchmal habe ich den Eindruck, sie will nur unterhalten werden, und ich soll permanent neben ihr sitzen. Dabei tue ich ihr sicher Unrecht – was hat sie denn vom Leben: den ganzen Tag im Sessel sitzen?

Nein, so ist es auch wieder nicht. Sie hat hier sicher mehr Abwechslung als in Berlin, wo sie die meiste Zeit alleine in ihrer Wohnung war. Erst einmal die Körperpflege, die genießt sie. Dann das Essen, es schmeckt ihr. Spazierengehen jeden Tag, das findet sie schön, oder Beschäftigungen wie meine Gewürzladen oder Nähsachen aufräumen, Nüsse knacken, Kuchen backen, Gemüse putzen, das alles kann sie noch – und gerade bei den Küchendingen stellt sie sich sehr geschickt an. Sie schält zum Beispiel mit einem normalen Küchenmesser die Kartoffeln, und die Schalen sind hauchdünn, das bringe noch nicht einmal ich zustande!

Ich erinnere mich an die Verdunkelung. In Berlin war es zu Kriegsende, als die Stadt ununterbrochen bombardiert wurde, Pflicht, die Fenster zu verdunkeln, um kein Ziel für die tödliche Last der Flugzeuge abzugeben. Die auf- und abheulenden Sirenen sagten uns, wann verdunkelt werden musste. Ich war ungefähr zwei Jahre alt, meine beiden Geschwister und ich wohnten mit der Mutter bei Oma und Tanten in der Marschner Straße in Berlin-Lichterfelde, unser Vater war im Krieg.

Abends lagen wir Kinder in dem großen, verschnörkelten Doppelbett im eiskalten Schlafzimmer meiner Oma, und das Fenster war mit einer dunklen Decke zugehängt. Ganz oben rechts in der Fensterecke blitzte es ab und zu – und dann erschien dort der wilde, schwarze Wolf mit seiner blutroten Zunge. Er züngelte dort oben und zischte, und ich lag wie erstarrt da und wagte kaum zu atmen.

*

Mutter liegt heute den ganzen Vormittag auf dem Sofa. Sie ist nicht so gut drauf, nicht verwunderlich bei diesem nebelig-trüben Herbstwetter. Gestern Abend hat sie geweint und gemeint, sie wolle uns nicht im Weg sein, sie könne das alles auch gar nicht bezahlen, sie habe kein Geld. Ich habe sie beruhigt und ihr erklärt, was sie an Rente und Pflegegeld bekommt und dass für alles Finanzielle gesorgt ist. Mit Geldangelegenheiten hatte sie nie zu tun, das erledigte ihr Mann, jetzt kümmert sich ihr ältester Sohn darum. Wir haben eine feine, neue Regelung mit unserer Tochter Katja: Sie hat angeboten, einmal wöchentlich, mittwochs, auf ihre Oma aufzupassen. Dann haben wir frei. Am Abend war Mutter wieder fröhlich. Am meisten taugt ihr, wenn sie ins vorgewärmte Bett steigt: „Mensch, ist das schön", sagt sie zu mir, „hier ist es so schön warm, willste nicht auch drunter kriechen?"

Mir selbst geht es nicht so gut. Die ständigen Schmerzen machen mich mürbe. Was geschieht mit Mutter, wenn ich ausfalle? Am meisten Angst macht mir der Gedanke, dass ich das alles vor Schmerzen nicht mehr bewältigen kann. Was dann? Meine Schwester Chris aus Bonn hat angerufen und zugesagt, dass sie Anfang Februar auf Mutter schauen wird, sodass wir für eine Woche entlastet sind. Sie hat mir auch versichert, dass es – sollte ich wegen meiner Hüfte operiert werden müssen – Lösungen gibt für die Mutterbetreuung. Sie könne auf jeden Fall eine Weile bei uns sein, wenn es in die Ferien fallen würde und es mit ihrer Arbeit als Kinderbuchautorin, die mit häufigen Lesereisen verbunden ist, vereinbar sei. Das entlastet mich psychisch. Dabei ist meine Schwester selbst sehr krank.

Meine Mutter war früher eine scheue Frau. Sie huschte an den Mietparteien unseres Hauses vorbei, Tratsch hat sie verabscheut. Nur nicht anstreifen bei jemandem, nur keine Blöße zeigen. Guten Tag und guten Weg war ihre Devise, da könne ihr niemand etwas anhaben. Ich glaube, sie hatte Angst vor fremden Leuten. Sie hat zwar als junges Mädchen Büglerin gelernt, war aber Zeit ihres Lebens Hausfrau und führte in den vier Wänden das Regiment. Wenn meine Schwester und ich manchmal am Sonntag etwas länger schlafen wollten, kam sie mit dem Staubsauger, einem Elektrolux, in unser Zimmer und fuhrwerkte so laut unter unseren Betten herum, dass an Schlaf nicht mehr zu denken war.

Mutters bescheidene Ansprüche fressen mich manchmal auf. Ihre kleinen Vorwürfe und unwirschen Blicke, wenn ich mich an den Computer setze, lassen mich verzweifeln. Ihr ständiges Zur-Seite-Rücken, ihr Stöhnen, Klagen und Beschäftigt-werden-wollen empfinde ich als sehr belastend ...

Ich muss mich schützen vor dieser Tageseinsamkeit mit ihr, vor dieser häuslichen Stille. Reden kann ich schlecht mit ihr, sie hört nichts, irgendwie erwartet sie, dass ich neben ihr sitze und laut in ihr Ohr spreche. Allein die Geste, wenn sie ihre Hand hinters Ohr hält und unwirsch mit gerunzelter Stirn „wie bitte?" fragt, macht mich ungeduldig. Gestern habe ich ihr gesagt, dass ich nicht den ganzen Tag Händchen halten kann, dass ich auch noch etwas anderes zu tun habe. Richtig energisch habe ich versucht klarzumachen, sie könne nicht von mir erwarten, dass sich alles ausschließlich um sie dreht. Ich hab sie dann neben meinen Schreibtisch gesetzt, weil sie mich so hilflos angeschaut hat. Ihr tiefes Nichtverstehen, weshalb ich so streng mit ihr rede, hat mich beschämt.

Sie ist gedanklich oft weit weg, sagt zum Beispiel zu mir: „Großmutter hat auch schon lange nichts von sich hören lassen", sie weint, „wo ist denn Tante Mariechen?" Was soll ich da sagen? Sie tut mir leid.

„Je früher mit dem Patienten therapeutisch etwas geschieht, umso besser ist es für ihn", lese ich. Hilft mir das Lesen, oder macht es mir nur mehr Angst? „Es ist wichtig, dass die Angehörigen vor der Diagnose Demenz nicht Angst haben und sie übergehen wollen. Noch immer gelangen die meisten Patienten (und ihre Angehörigen) zu spät zu kompetenten Helfern."

Doch woher kommt dieses Leiden? „Ein häufig bestätigtes Ergebnis epidemiologischer Studien ist eine erhöhte Prävalenz und Inzidenz der Alzheimer-Demenz unter Personen mit geringer Bildung und geistig wenig anspruchsvollen beruflichen Anforderungen", lese ich weiter. „Die Gründe dafür sind unklar, und mehrere Erklärungen, die sich wechselseitig nicht ausschließen müssen, sind denkbar. Bevorzugt wird diese Assoziation jedoch so interpretiert, dass durch eine vermehrte geistige Tätigkeit eine höhere Reservekapazität, z. B. in Form einer größeren Synapsendichte, erworben werden kann." (3*)

Also, ich weiß nicht. Es gibt doch so viele verwirrte, altersdemenzkranke Menschen, die früher anspruchsvolle Tätigkeiten ausgeübt haben.

Diese Erklärung klingt für mich zu kurz gegriffen und auch irgendwie diskriminierend.

Mutter geht es jetzt wieder besser. Nach unserer Rückkehr aus dem Sommerdomizil haben wir ihr zwar ein sehr nettes, kleines Zimmer hier in der Stadtwohnung eingerichtet, aber meistens hält sie sich dort auf, wo wir sind. Sie läuft wie ein kleiner Hund hinter mir her, gebeugt und auf ihren Krückstock gestützt. Heute aber meinte sie zum ersten Mal: „Ich werde mal in mein Zimmer gehen."

Dort ist sie dann gesessen und hat alte Fotos aus ihrer Kindheit angeschaut. Plötzlich sagte sie: „Alle sind sie weg." Wie Recht sie hat. Vor ein paar Tagen sinnierte sie: „Wieso lebt man eigentlich so lange?" Und gab sich selbst die Antwort: „Weil man feige ist."

Gestern habe ich ihr neue Stiefel, Nachthemden und eine Mütze für den nahenden Winter gekauft. Sie liebt es, wenn man sie beschenkt. „Womit habe ich denn das verdient", sagt sie schelmisch. „Gar nicht", sage ich ihr dann schmunzelnd, und sie muss lachen.

Nervig ist ihr Rücksichtl-Vorsichtl: „Störe ich?" „Bin ich im Weg?" „Huch", sagt sie und rückt schon zur Seite, bevor man überhaupt da ist. Ich habe sie Ricarda Huch getauft, so zum Spaß, und sie schaut mich aus fragenden Augen an. Da muss ich sie in die Arme nehmen, denn es ist nicht fair, sich auf ihre Kosten lustig zu machen.

Belastend ist ihr nachmittäglicher Anspruch auf Beschäftigung. „Ich sitze ja nur rum, ich geh jetzt schlafen", beschließt sie um drei Uhr nachmittags bockig und vorwurfsvoll. Wenn ich ihr sage, ich habe zu tun, es sei aber zu früh fürs Bett, weil sie sonst nachts nicht schläft, ist sie beleidigt und streckt mir die Zunge raus.

Ansonsten hat sich aber alles einigermaßen eingespielt.

Wir drei Kinder mussten mit meiner Mutter, der Oma und den beiden Tanten Leni und Marie sehr oft im Luftschutzkeller übernachten. Meine Mutter zog uns abends gar nicht mehr aus, sodass wir unsere Kleider und Schuhe schon anhatten, wenn Alarm war.

Meine Wolfserscheinungen, als die Bomben fast ohne Unterbrechung auf Berlin fielen, hatte ich später noch oft. Immer dann, wenn ich hohes

Fieber bekam, erschien der schwarze Wolf mit seiner blutigroten Zunge. Dann besiegte ich ihn einmal im Traum, und zwar endgültig: Ich packte ihn bei den Ohren und hängte ihn zum Trocknen auf eine Wäscheleine. Da baumelte er nun mit den Wäscheklammern an den langen Ohren und verfolgte mich seither nie mehr.

Heute geht es Mutter nicht gut, sie schläft den ganzen Tag. Schon das Wochenende über war sie schlecht beisammen, hat nach ihrem vor fünf Jahren verstorbenen Mann Hans gefragt. „Wieso sagt mir denn keiner, dass er tot ist“, weinte sie mit angstverzerrtem Gesicht. Und nach der Berliner Familie fragte sie: „Muss doch mal nachsehen, was mit denen los ist, die melden sich gar nicht.“

Das Wochenende war überhaupt schlimm. Nach langer Zeit haben Julius und ich wieder einmal fürchterlich gestritten. Er fühlt sich von mir vernachlässigt. Auf die Mutter hat er geschimpft, dass überall in der Wohnung ihre Spuren sind. Dieser grausliche Fernsehsessel mit dem blumig-plüschigen Bezug in verblichenen Pastellfarben zum Beispiel, der sich elektrisch verstellen lässt und in welchem Mutter meist liegt – unglaublich, dass so etwas Potthässliches nun bei uns herumstehe. Dieser Sessel wurde für die letzten Lebensjahre meines Vaters angeschafft. Nun ist er für meine Mutter gedacht. Mein Bruder Peter brachte ihn zusammen mit einer Wagenladung voller Berliner Haushalts- und Einrichtungsgegenstände aus der Wohnung meiner Mutter zu uns aufs Land. Ich habe den Sommer über alles aussortiert und vieles davon verschenkt. Denn schließlich zeigte sich, dass Mutter sich überhaupt nicht erinnern kann an ihre Sachen.

Diese Streits zehren. Ich weiß nicht, wie das noch werden soll. Ich fühle mich ungerecht behandelt. Ich bin verzweifelt und komme mir alleingelassen vor. Ich mute meinem Mann aber auch sehr viel zu – mit der alten Frau in einer Wohnung zu leben, ist sicher nicht lustig. Ich bin in solchen Momenten sehr erleichtert, dass er und nicht ich den Vorschlag machte, sie zu uns zu nehmen. „Das ist unser Sozialprojekt auf unsere alten Tage“, meinte er damals.

Ich muss schauen, dass die Gereiztheit nicht unsere Beziehung gefährdet. Ich bin ja auch nicht gerade die Ausgeglichenheit in Person nach den vielen schlaflosen Nächten. Das alles sind Warnsignale, die wir beachten müssen. Nur wie?

Wir beschließen, den potthässlichen Sessel mit bunten Stretchleintüchern avantgardistisch zu verkleiden.

ஐ.ஐ

„Die melden sich nicht“, sagt Mutter, nachdem sie nach ihrem Sohn Peter gefragt hat. „Na ja, ich lebe ja nicht mehr lange, das ist dann auch egal“, fügt sie an. Außer einem Kartengruß aus Neuseeland haben Bruder und Schwägerin sich nicht mehr nach ihr erkundigt. Ich habe ihnen geschrieben, dass sie nach ihnen gefragt hat und ob sie nicht doch einmal bei ihr vorbeischauen wollen.

Unter Mutters Sachen aus Berlin war auch ein vergilbter Karton. Auf der zerrissenen Postanschrift erkennt man nur mehr einige Buchstaben, den Namen meiner Mutter und Briefmarken mit der Aufschrift „Deutsches Reich“. Drinnen befinden sich unzählige Feldpostbriefe meines Vaters an meine Mutter und Briefe von ihr an ihn. Es fällt mir schwer, Vaters Kurrentschrift zu entziffern. Die Briefe sind nummeriert. Die Schrift meines Vaters ist aufrecht und energisch, die meiner Mutter ist sanft und schön. Beide schreiben fehlerfrei.

Augenblicklich schlafe ich in Steinecks Schlafzimmer. Das durfte ich behalten. Steinecks Wohnung wurde damals vergeben, da haben wir uns drum beworben, nun haben wir eine Dreizimmerwohnung. Jeder hat sein Schlafzimmer und das Wohnzimmer ist gemeinsam. Drin steht Muttis Esszimmer, unsere Couch, die Sessel usw. Es ist sehr gemütlich, es wird Dir bestimmt gefallen. Ich denke, wir haben noch bei allem Glück gehabt, wir haben ein Dach über dem Kopf, und ich hoffe, Du bist mit dieser Lösung einverstanden. Es grüßen Dein Frauchen und die Kinder.
(Aus einem Brief meiner Mutter an meinen Vater in das Internierungslager Münster/Hannover, 27. 11. 1945)

ஐ.ஐ

Heute ist mein Namenstag. Aber der wurde im evangelischen Berlin nie gefeiert. Nur hier in Österreich bin ich manchmal auf die Bedeutung dieses Tages für die Bergarbeiter gestoßen. Und am Land haben wir um diese

Zeit Kirschzweige ins Wasser gestellt. Die sollten zu Weihnachten aufgeblüht sein. Das wollen wir heuer wieder tun.

Zum Glück geht es mir etwas besser, und uns miteinander auch. Mir, weil die Physiotherapie mich relativ schmerzfrei macht; uns, weil der Streit vielleicht auch irgendwie reinigend war. Was für ein Glück, dass wir uns lieben und miteinander reden können! Mir ist klar geworden, dass wir uns Hilfe organisieren müssen bei dieser Aufgabe, Mutter bis zu ihrem Tod zu betreuen. Eventuell eine Selbsterfahrungsgruppe, ein Ventil ist notwendig. Vielleicht zeige ich Julius auch zu wenig meine Anerkennung und Achtung für seine große Unterstützung bei dieser Aufgabe?

Ich suche im Internet nach Gruppen, Hinweisen, Tipps. Besonders viel gibt es nicht. Für alle Angebote braucht man einen Betreuungsdienst, wenn Julius und ich zusammen aus dem Haus gehen möchten. Das ist wiederum teuer und mit organisatorischem Aufwand verbunden. Am liebsten wäre mir solch eine Gruppe in meiner Wohnung, während Mutter in ihrem Zimmer schläft. Aber so wird es wohl allen gehen, die dieses Problem haben ...

Seit dem Wochenende geht es ihr nicht gut. Sie ist unruhig, verwirrt, schwitzt so sehr, dass sie immer einen nassen Kopf hat, sie hat leere Augen, bisher waren sie doch meist so wach. Sie sagt: „Am besten, ihr schmeißt mich weg." Ich kann kaum etwas mit ihr anfangen, außer spazieren gehen. Eben habe ich ihr ein Märchen vorgelesen, aber sie versteht nichts, obwohl sie die Kopfhörer aufhat, sie schaut mich mit fernem, stumpfem Blick an. Ein befreundeter Anwalt rät uns, die Sachwalterschaft zu beantragen.

Ich denke oft an den Tod. Was kommt danach? Ist dann wirklich alles zu Ende – das Fühlen, Sehen, oder gibt es eine andere stoffliche Welt, von der wir nichts wissen? Ich bin nicht gläubig, und trotzdem beschäftigt mich der Gedanke, was nach der Endlichkeit unseres Universums kommt. Wo hört die Unendlichkeit auf?

Gestern war Dein Geburtstag, wir haben so viel an Dich gedacht. Schön wäre es gewesen, wenn Du an diesem Tag hättest bei uns sein können. Ich hab's den Kindern recht nett gemacht, damit sie auch merken, dass sie einen Vater haben. Wir haben einen Adventkranz gebastelt und Kuchen gab's auch, richtige Friedenskuchen. Wir haben alles gut überstanden.

Allerdings sind wir in dieser Zeit nicht jünger geworden, im Gegenteil, wenn Du nach Hause kommst, wirst Du eine veränderte Frau vorfinden. Ich habe graue Haare gekriegt, kriege auch jetzt eine Glatze, trage seit einem Jahr eine Brille. Wenn ich sie nicht auf der Nase habe, bin ich kein brauchbarer Mensch mehr. Ich hoffe aber, dass Du mich trotz meiner Hässlichkeit noch liebst. (Aus einem Brief meiner Mutter an meinen Vater in das Internierungslager Münster/Hannover, 3. 12. 1945)

Nun waren sie also da, mein Bruder Peter und seine Frau. Ein kurzes Intermezzo von ein paar Stunden. Auf unsere Frage, ob die beiden uns entlasten und Mutter ein wenig länger betreuen könnten, so wie sie es uns versprochen hatten, kam ein dezidiertes Nein. Ihre Finanzen wollen sie weiterhin verwalten. Mutter selbst hat auf den Besuch unaufgeregt reagiert. Weder Freude noch Tränen.

Ich habe immer mehr das Gefühl, dass alles wie ein Kartenhaus in sich zusammenbricht – Werte, Solidarität, Verständnis, Gerechtigkeit, Ausgleich und Zusammengehörigkeit. Wir waren doch einmal eine Familie, auf die man sich verlassen konnte! Was ist nur passiert mit uns?

Zu Weihnachten war es immer schön bei uns. Wir hatten nicht viel Geld. Meine Mutter bastelte die Geschenke für uns vier Kinder meist selbst – sie nähte Kleider für unsere Puppen, bastelte für den Bruder eine Lumpenpuppe, den Benjamin. Einmal nähte sie mir aus einer alten, roten Pferdedecke einen Mantel mit einem Krimmerkragen, eine Art Kunstpelz. Ich schämte mich in diesem Mantel, verweigerte, ihn in der Schule anzuziehen, weil er so neu aussah.

Heute Nacht haben Julius und ich darüber geredet, wie es weitergehen wird nach einem halben Jahr Mutterbetreuung und absoluter Einschränkung unseres Lebensrahmens – es war eine schöne Nacht, lauschig, warm, dunkel, vertraut. Ich habe auch erzählt, dass mir meine Entwertung zu schaffen macht – jetzt bin ich Hausfrau, meine Gedanken kreisen ums Kochen, Waschen, Saubermachen, Pflegen, und nebenbei höre ich Nachrichten. Ich bin keine Journalistin mehr, die gefragt ist, sondern eine alte Frau mit einer noch älteren Frau im Schlepptau. Julius hat mich beruhigt, mich in seine Arme genommen und gesagt, dass er meine Geduld im Umgang mit meiner Mutter bewundert, und dass wir uns durch diese Art Betreuung wieder auf eine andere Art näherkommen und neu kennen lernen. Ich liebe meinen Julius so sehr. Er mich auch, denke ich, sonst könnte er das alles niemals auf sich nehmen.

Dass Mutter so durcheinander ist, bedrückt mich. Sie sitzt im Sessel und flüstert die Namen ihrer Töchter vor sich her, schaut mich mit leeren Augen an. Plötzlich meint sie, sie müsse nun aufstehen und nach Hause gehen, ist ganz bestürzt, als ich ihr sage, sie sei doch jetzt hier zu Hause. Sie ist erleichtert, hier ein Bett zu haben, das muss ich ihr zu ihrer Beruhigung mehrmals am Tag zeigen. „Wann bin ich denn heute Morgen gekommen?", fragt sie. „Mit mir ist nichts mehr los", sagt sie, „schmeiß mich doch in eine Kiste." Als Nächstes verlangt sie Beschäftigung, nur welche?

Vorgestern habe ich mit ihr gemalt, und sie hat zwei schöne Bilder zustande gebracht, Weihnachtsbäume. Sie stellt sich dabei unbeholfen an, schaut mich bei jedem Strich fragend an, hier oder da? Sie malt so, wie sie früher gestickt hat, lauter kleine Kreuzchen in einer Reihe. Ich zeichne ihr die Konturen des Baumes vor und sage, sie soll den Weihnachtsbaum mit Kugeln und Sternen schmücken. Zaghaft setzt sie den Pinsel an und tupft vorsichtig auf das Papier. Die Zunge zwischen den Lippen, schaut sie angestrengt auf ihre Farbkleckse, erinnert sich aber schon gleich darauf nicht, dass sie die Bilder gemalt hat.

Gestern habe ich ihr gesagt, dass ich ihr Kind bin, nachdem sie meinte, von ihrer Sippe sei niemand übrig. „Dort in deinem Bauch war ich", habe ich gesagt und ihn gestreichelt. Sie voller Erstaunen: „Aber das hast du mir bisher ja noch nie gesagt ..."

Heute war Julius mit ihr auf der Sophienalpe. Leider hatten sie das Geld vergessen, es reichte nur für eine Leberknödelsuppe – kein Topfenstrudel, keine Palatschinken ...

Wir werden Weihnachten ins Waldviertel fahren. Dort sind alle Kinder, Enkel, Urenkel und die Hofgemeinschaft versammelt, die mich aus der Einsamkeit und den trüben Gedanken reißen werden.

Mein liebes Frauchen! Wenn Du diesen Brief bekommst, ist Weihnachten schon vorbei. Früher freute man sich auf Weihnachten, schon der Kinder wegen. Mein kleines Frauchen, was würde ich geben, wenn ich das noch mal erleben könnte. Weihnachten muss man bei seiner Familie erleben, alles andere ist wertlos. Nun sitze ich hier in diesem blöden Italien schon das zweite Weihnachtsfest. Die Gestaltung der Feier bestimmt der Kompaniechef. Wir singen Lieder, die uns vorgeschrieben werden, und auch sonst muss alles programmgemäß verlaufen. Zum Fest gibt es eine Sonderzuteilung an Zigaretten. Gestern haben wir drei Enten abgemurkst, heute drei Haselhühner, wir sorgen schon für uns. (Aus einem Feldpostbrief meines Vaters an meine Mutter aus Italien, 18.12.1944)

Fast drei Wochen Land mit Sonne, viel Schnee. Weihnachten mit den Kindern, Enkeln und unseren Freunden. Es war ein sehr schönes Fest mit Singen kitschiger Weihnachtslieder und Gitarrenbegleitung von Julius, Bergen an Geschenken, gutem Essen und meiner Mutter, die sich über den Weihnachtsbaum, die Gaben und die vielen Kinder gefreut hat. Am meisten liebt sie ihr Lammfell, das ein Enkel ihr besorgt hat – „mein Hund", sagt sie, klopft auf das Fell und geht mit ihm schlafen. Das Päckchen von ihrer Tochter aus Bonn, die vielen lieben kleinen Sachen, der Schlafanzug, der Pullover, das Seidentuch, Seife, die gebastelten Geschenke von den Urenkeln – immer wieder streichelt sie darüber und hält alles auf ihrem Schoß fest: „Das ist doch nicht nötig, womit habe ich das bloß verdient", sagt sie und strahlt uns glücklich an.

Zu Silvester hat, wie auch in den vergangenen Jahren, die Landkommune verschiedene „Erlebnis-Stationen" gestaltet. Im Hof gab es ein Lagerfeuer und einen Würstelstand mit Punschausschank im Tiefschnee, das Luxus-Buffet mit Lachs und selbst gemachter Leberpastete vom Feinsten in unseren Räumen, eine Disco im geschmückten Gemeinschaftsraum, in der nicht nur die Kinder Verrenkungen übten. Insgesamt waren wir 26 Leute, die den Jahreswechsel gefeiert haben.

Mutter hatte gesagt, sie wolle um Mitternacht geweckt werden. Das war aber gar nicht nötig, weil sie erst gar nicht schlafen ging. Sie hat mit Julius und mir in der Disco getanzt, sich gedreht und voller Freude in die Hände geklatscht. Mit Julius hat sie geflirtet.

Später um Mitternacht im Freien auf der schneebedeckten und mit Fackeln und Kerzen geschmückten Wiese hinter dem Haus ist sie aus dem

Staunen nicht herausgekommen: Die Kinder und Erwachsenen sind ins neue Jahr gerodelt, ich habe Mutter auf einen Schlitten gesetzt und sie ein Stück durch die verschneite Landschaft gezogen. Wir haben mit Sekt angestoßen und den Donauwalzer getanzt, und Mutter hat immer wieder zum Feuerwerk geschaut: „Das habe ich ja seit Jahren nicht mehr gesehen!“ Wie ein Kind ließ sie den Schnee durch ihre Hände rieseln und die weißen Flocken auf der Zunge zergehen. Erst um ein Uhr morgens meinte sie, jetzt sei es wohl Zeit, schlafen zu gehen. Da lag sie dann in ihrem vorgewärmten Bett, sah mich mit glänzenden, glücklichen Augen an, nahm meine Hände und küsste sie. „Du bist meine Beste. Du bist gut“, sagte sie und fiel augenblicklich in tiefen Schlaf.

Das hatte ich mir vorgenommen: Ihr noch ein schönes Weihnachts- und Silvesterfest zu bereiten. Vielleicht ist es ja das letzte Mal in ihrem Leben.

Einmal brachten meine Schwester und ich zu Weihnachten einen Mann und eine Frau mit nach Hause. Das Pärchen hatte uns auf der Straße angesprochen, ob wir nicht wüssten, wo sie zu Weihnachten bleiben könnten, und da sagten wir, sie sollten doch einfach mit zu uns nach Hause kommen. Es war die Zeit nach dem Krieg und das Essen knapp, meine Mutter und mein Vater aber luden sie ein, bei uns zu bleiben. Ich erinnere mich, dass der Mann eine Gitarre hatte und mit der Frau immerzu das Lied sang: „Schau ich in den Feuerschein, sehe ich mein Mägdelein, wie es lächelnd zu mir spricht, kommst du heute nicht ...“ Das war sehr schön. Allerdings wohnten sie dann wochenlang in unserer Wohnung, hatten das Zimmer meines großen Bruders belegt und wollten nicht mehr ausziehen. Bis mein Vater allen Mut zusammennahm und das Pärchen kurzerhand hinauswarf. Erst sehr viel später ist mir die Großzügigkeit meiner Eltern bewusst geworden.

2004

Ich lebe in einer zeitlosen Zeit. Sie rinnt an mir vorbei, jeder Tag ist gleich. Morgens zuerst Mutter versorgen, den Tag mit ihr irgendwie über die Runden bringen, und abends, wenn sie dann endlich zufrieden im Bett liegt, fernsehen. Zum Ausgehen fehlen die Kraft und auch das Geld, denn so ein Abend kostet uns an die 100 Euro, rechnet man die billigere Variante eines Kinobesuchs, hinterher ein bissel was trinken und die zehn Euro Stundenlohn, die wir fürs „Muttersitten“ bezahlen.

Nun hat die Werbung mit Zeitverzögerung endlich auch die Alten entdeckt. Nachdem über Jahrzehnte ein alter Körper in der öffentlichen Wahrnehmung eine Zumutung war, stürzen sich jetzt Versicherungen und Wellnesstempel auf die faltigen Alten. Ein Kosmetikkonzern hat sein besonderes Image auf älteren, schönen, nackten Frauenkörpern aufgebaut. Die steigende Lebenserwartung zwingt die den Jugendkult beschwörende Werbebranche zum Umdenken. Profit versprechen jetzt die Älteren, die gerade noch in den Genuss einer halbwegs gesicherten Rente gekommen und noch jung genug sind, um nicht senil zu sein, aber bereits alt genug, um ihr Geld für Haut straffende, Falten reduzierende, Krähenfüße verdeckende Wundermittelchen auszugeben.

Jeder will alt werden und jung ausschauen. Ab einem bestimmten Alter dulden manche Dinge eben keinen Aufschub mehr. Was man in der Jugend gebraucht hätte, wozu aber das Geld fehlte, leisten wir Alten uns jetzt, ohne es wirklich zu brauchen: schicke Klamotten, regelmäßige Friseurbesuche, unglaublich, wie viele alte Dämchen mit roten Punkersträhnchen in der tiefschwarz gefärbten, grauen Wolle herumrennen.

Meine Mutter ist das Gegenteil von diesen Werbealten. Sie ist schön, ohne es zu wissen und ohne sich aufwändig rauszuputzen. Sie hat ein schönes Gesicht, wenn ihre Augen leuchten. Ihre Augen leuchten, wenn sie mich in ihrer Nähe weiß. Heute Morgen habe ich sie gebadet, ihren zarten, gebrechlichen Körper eingeölt, das hat sie gerne, wenn sie so umsorgt wird.

Als Kind habe ich meine Mutter nie nackt gesehen. Das Schlafzimmer meiner Eltern lag im Halbdunkel, auf der einen Seite des Doppelbettes saß mein Vater im Schlafanzug, auf der anderen Bettkante meine Mutter, die sich auszog. Mit dem Rücken zu meinem Vater, schamhaft und verstohlen das Nachthemd überstreifend. „Ich habe meine Pflicht und Schuldigkeit getan“, sagte sie später einmal zu mir, „ich habe vier Kinder geboren.“

Das erste Mal habe ich meine Mutter nackt gesehen, als ich meine Ausbildung zur Krankenschwester machte und Mutti wegen Gallen-

schmerzen einen heißen Dunstwickel brauchte. Selbst da hat sie sich wegen ihrer Nacktheit vor mir geschämt.

ꕥ

Seit gestern Abend sind wir wieder in Wien. Mutters Erinnerung an unsere Wohnung ist gelöscht. Doch das Klo hat sie sich irgendwie gemerkt, dort marschiert sie zielstrebig hin. „Ich weiß gar nicht, warum ich hier rumsitze", sagt sie anklagend, „wo sind denn meine Leute?" Ich erkläre ihr, dass die Berliner sich nicht um sie kümmern können und dass mein Mann und ich das nun machen, weil sie zu alt fürs Alleinleben ist. Da nimmt sie meinen Kopf mit beiden Händen, küsst mich und sagt: „Danke, mein Mädchen."

ꕥ

Wieder Badetag, Haare waschen, Zehen- und Fingernägel schneiden. Es ist erstaunlich, dass Mutter es noch schafft, über den Badewannenrand ins Badewasser zu klettern. Sie hat aus Berlin einen Metallsitz mitgebracht, den man auf dem Wannenrand aufsetzt, und sie kann sich auf den vertieften Teil hocken, der ins Wasser reicht. So kann ich sie bequem einseifen und abduschen. Erst jetzt, nach fast sieben Monaten, wachsen die Nägel so langsam aus ihrer Verkümmerung heraus. Sie hat wohl auch zu kleine Schuhe getragen. Ich habe ihr hier für den Winter zwei Paar neue Stiefel gekauft.

Manchmal überkommt mich der Wunsch, sie nackt zu fotografieren, um mich später an ihren schönen, alten Körper erinnern zu können. Aber das bringe ich nicht fertig, sie könnte ja ihre Einwilligung dazu nicht mehr geben. Und ohne Zustimmung wäre es eine Verletzung ihrer Würde, die ich trotz, oder gerade wegen ihrer Demenz achten möchte. Sie ist uns in allem so ausgeliefert.

Das wird ein großer Freudentag für uns alle sein, wenn Du jetzt nach zweieinviertel Jahren nach Hause kommst. Ich hoffe doch sehr, dass Du noch in diesem Jahr kommst. Kannst Du Dich nicht nach hier austauschen lassen, wir wohnen doch im amerikanischen Sektor. Na, ich will nicht ungeduldig sein, ich bin ja so froh, dass Du gesund und in Deutschland bist. Bei der Post könntest Du wieder arbeiten, du bist kein PG (Parteigenosse, Anm.), ein Glück, dass Du Dich gesträubt hast, da einzutreten. Ich hole mir jeden Monat vom Rathaus 105 Mark Unterstützung. Du siehst, dass für uns doch gesorgt wird. (Aus einem Brief meiner Mutter an meinen Vater in das Internierungslager Münster/Hannover, 22. 11. 1945)

ꝏ.ꝏ

Je länger Mutter bei uns ist, desto selbstverständlicher wird ihre Anwesenheit. Sie hat inzwischen Vertrauen zu ihrer Umgebung gefasst, auch wenn sie am nächsten Tag nicht mehr weiß, wie das Bauernhaus aussieht. Wenn ich sie am Land frage, wo wir denn sind, sagt sie: „Zu Hause." Wenn ich sie in der Stadt frage, wo wir sind, sagt sie: „Zu Hause." Stimmt ja alles. Vielleicht will sie mir mit der Antwort auch nur einen Gefallen tun. Aber vielleicht fühlt sie sich wirklich an beiden Orten zu Hause.

Heute bin ich mit ihr in den Frisiersalon bei uns um die Ecke gegangen, eine neue Dauerwelle war fällig. Sie hat sich tapfer gehalten. Nachmittags kommt immer ihre Angst, dass sie stört, sie weiß dann oft nicht, wo sie ist und wo sie schlafen wird.

Meine jüngere Tochter Katja wird heute Abend auf ihre Oma schauen, und wir haben frei.

ꝏ.ꝏ

Mutter döst, wie jeden Morgen, in ihrem Fernsehsessel vor sich hin. Sie weiß nicht mehr, dass gestern Abend ihre Enkeltochter da war oder dass sie gestern beim Friseur gewesen ist. Dieser Zustand wird ihr bleiben und schlechter werden. Deswegen versuchen wir, ihr den Augenblick angenehm zu gestalten, auch wenn das nicht immer leicht ist. Ich merke, wie es mir manchmal auf die Nerven geht, wenn sie zehnmal fragt, was ich gesagt habe, weil sie schwer hört oder den Sinn nicht versteht. Es macht mich manchmal ungeduldig, alles so laut und oft zu wiederholen, was ich ihr sagen möchte. Dann falle ich wieder in meinen Berliner Dialekt, der mir so fremd geworden ist wie meine Mutter und der für meinen Mann wie aus einer anderen Welt klingt.

Ich sollte aber auch die lustigen Dinge erzählen, die wir mit ihr erleben. Es ist zum Beispiel schön, wie sie mit ihren Urenkeln umgeht – eifersüchtig, lieb, oft selbst wie ein Kind. Zwischen ihnen hat sich eine eigene Beziehung entwickelt, von der beide Seiten profitieren. Sie kann allerdings richtig grantig werden, wenn ich mich zu sehr mit den Kleinen beschäftige.

Da gibt es sehr lustige Situationen. Wenn die kleine Kathi etwa Grimassen schneidet und ihr die Zunge aus Spaß rausstreckt, weil sie so finster dreinschaut, wird sie richtig böse. Dann kommt Kathi und schmeichelt ihr: „Ach Omsch, ich gebe dir jetzt ein Bussi", sagt sie und legt ihren Kopf an Uromas faltige Wange. Und die ist erst wieder gut und lacht, wenn Kathi sie genug umschmust hat. Dann nickt sie gnädig-gütig in meine Richtung und zwinkert mir zu.

Oder wenn Kathi heimlich um die Ecke schaut, um staunend zu sehen, wie Uroma ihre Zähne herausnimmt, putzt und dann fragt: „Sind das meine Zähne? Das sind nicht meine Zähne, ich hab doch gar keine mehr", und nicht weiß, wie sie das Gebiss wieder hineingeben soll.

Oder wenn sie meinen Mann immerzu küssen möchte – „Komm her, mein Kleiner", sagt sie, „komm doch mal her", und dann geht das Geschmuse los.

Oder wie ihr größeres Urenkelkind Tati lieb mit ihr spricht, deutlich, langsam und laut, voller Verständnis und Geduld für ihre Gebrechlichkeit und Verwirrtheit. Das sind wunderschöne Momente, und Mutter ist dann manchmal auch ganz klar im Kopf.

Als Mutter mit mir schwanger war, brannte Berlin. Der Asphalt habe gekocht vor Hitze, erzählte sie. Sie habe Wehen gehabt. Voller Panik sei sie durch die Straßen gerannt, es war Fliegeralarm, die Bomben fielen unentwegt. Im Rittbergkrankenhaus, das sie schließlich erreichte, wurde ich in einer der schlimmsten Bombennächte geboren. Ab März 1943 wurden Brandbomben in Kombination mit „Wohnblockknackern" von der Royal Airforce auf Berlin abgeworfen, die ganze Stadtviertel in Steinwüsten verwandelten. Der Vater war in Frankreich, danach in Italien im Krieg.

Das Aufschreiben meiner Gedanken hilft mir in meinem einsamen Betreuungseinerlei. Und manchmal fällt dabei auch ein Artikel für die Zeitung ab, für die ich manchmal noch schreibe. Zum Beispiel:

„Ich schaue in den Spiegel und sehe meine uralte Mutter, die immer weniger wahrnimmt. Meine Tochter schaut in den Spiegel und sieht mich alternde Frau. Ihre kleine Tochter schaut in den Spiegel und sieht das müde Gesicht meiner älter gewordenen Tochter. Vier Frauengenerationen und das immer gleiche Spiegelbild: Über-Lebensfragen im Alltag.

Mit meiner neuen Krone frisch vom Zahnarzt gekommen, sagt meine Tochter zu meinem Spiegelbild, sie werde sich so etwas später bestimmt nicht leisten können. Ob ihre Kinder einmal studieren können, ist auch fraglich. Meine Tochter ist Alleinerzieherin und zählt zum weidlich bekannten weiblichen Armutspotenzial. Mit ihrem prekären Job, in dem sie sich jeden Sommer arbeitslos melden muss, würde sie schon jetzt ohne unsere Hilfe kaum zurechtkommen. Auch ich war eine Zeitlang Alleinerzieherin und bei der Kinderbetreuung auf die Hilfe meiner Mutter angewiesen. Heute ist meine gebrechliche 92-jährige Mutter auf meine Hilfe und die meines Mannes oder ihrer Enkel- und Urenkelkinder zurückgeworfen.

So läuft das nun schon seit Generationen über Jahrzehnte hinweg: Ohne gegenseitige Hilfe und ehrenamtliche Arbeit im so genannten privaten Bereich, ohne diese Art Generationenvertrag funktioniert nichts. Meine Mutter, Jahrgang 1912 und in ihren besten Frauenjahren mit den Überlebenskämpfen in einem Vernichtungskrieg beschäftigt, hätte es ohne die Hilfe meiner Großmutter nicht geschafft, vier Kinder groß zu kriegen. Ich, Jahrgang 1943, hätte es damals auch nicht gekonnt, meine beiden Töchter durchzubringen, wenn ich nicht auf die mütterliche Hilfe bei der Kinderbetreuung hätte bauen können. Und genauso ergeht es heute meiner Tochter, Jahrgang 1965, mit ihren beiden Kindern.

Über vier Frauengenerationen hinweg die immer gleichen Fragen: Wie schaffen wir es, unsere Kinder angesichts mangelhafter gesellschaftlicher Rahmenbedingungen nicht nur satt und groß zu kriegen, sondern ihnen auch die beste Förderung zukommen zu lassen? Wie gelingt es uns, beruflich vorwärtszukommen, durch Erwerbsarbeit zu überleben und sozial abgesichert zu sein – auch und gerade im Alter oder bei Krankheit? Woher nehmen wir Kraft und Zeit für unsere eigenständige Entwicklung?

Hatten sie uns denn nicht einmal den Generationenvertrag versprochen, der solidarisch Altersarmut verhindern sollte? Hatte die Generation meiner Mutter denn nicht den Kriegsschutt mit bloßen Händen beseitigt und am Aufbau eines Wirtschaftswunderlandes mitgewirkt? Hatte meine Generation denn nicht zu knapp gearbeitet und entsprechend üppig in die Steuer- und Sozialversicherungskassen eingezahlt? Hat denn die Generation meiner Tochter nicht fleißig studiert und gearbeitet und trotz Doppelbelastung geliebt und Kinder gemacht? Und nun?

Nun ist meine Mutter auf meine Pflege angewiesen, weil sie sich kein gutes Altersheim leisten kann; nun bin ich als Pensionistin wieder im ‚Kreislauf der Windeln' angelangt und betreue Mutter und Enkelkinder, weil die öffentlichen Einrichtungen und gesellschaftlichen Rahmenbedingungen ungenügend sind; nun wird der Generation meiner Tochter eine existenzsichernde Erwerbsarbeit und eigenständige Altersabsicherung verweigert, aber so viel Energie für existenzielle Überlebensfragen abverlangt, dass sie kaum zum Schnaufen kommt; und nun wird meinen Enkeltöchtern erzählt, dass es für sie später keine Lehr- und Studienplätze geben wird. Was ist denn das für eine Gesellschaft, die so achtlos mit ihrem weiblichen Potenzial umgeht? Was ist das für ein gesellschaftlicher Fortschritt, der uns Frauen in dem immer gleichen Hamsterradl rotieren lässt?

Natürlich hat sich im Laufe von vier Generationen etwas verändert – die Waschmaschine, die Karenzzeit, der Konsum, das Internet, das Auto, die Lebenserwartung, der konzentrierte Reichtum ... Im neoliberalen Alltag werden sich aber vor allem Alleinerzieherinnen die Waschmaschinenreparatur, den Wellness-Konsum oder das Benzin fürs Autofahren nicht mehr leisten können; die sozialen Errungenschaften wie Kündigungsschutz, Karenzgeld oder Zutritt zu einer umlagenfinanzierten Pensionsabsicherung, die (Frauen-) Generationen zuvor erkämpft haben, werden handstreichartig gekappt; das Internet bietet keine lukrativen Jobs, aber einen Blick in alle Möglichkeiten dieser Welt; und der vorhandene gesellschaftliche Reichtum zieht sowieso spurlos an uns vorbei.

Nur die höhere Lebenserwartung, die wird uns bleiben. Und daraus wird uns die neoliberale Politik noch einen Strick drehen. Schon jetzt gelten die Alten, die Arbeitslosen und Kranken, die Behinderten und MigrantInnen als Sozialschmarotzer, die unnütz das Budget belasten. In der Welt der Kosten-Nutzen-Analysen, in der die öffentlichen Dienstleistungen dem privaten Gewinnstreben ausgeliefert und die Sozialbudgets gekürzt werden, besteht keine Aussicht auf Gnade für all jene, die dem haargelglatten Erfolgstypmenschen nicht entsprechen. Keine Gnade für Alte, für die schon gar nicht."

So also habe ich mir meine Unzufriedenheit von der Seele geschrieben.

Im letzten Vierteljahr vor der Kapitulation haben wir Berliner viel durchgemacht. Alarm war den ganzen Tag, ab und zu hatten wir auch am Tage Ruhe, aber dann kam es nachts eben. Die Bomben flogen nur so rum, aber man war zuletzt schon daran gewöhnt. Als dann die Russen kamen, lagen wir tagelang unter Beschuss. Der Hindenburgdamm war nicht mehr wiederzuerkennen, ausgebrannte Häuser, zerschossene Straßenbahnen, Bombentrichter usw. Dazu kam, dass wir keinen Strom, kein Wasser, kein Gas hatten. Am 25. April ging eine Bombe auf unser Haus. Ausgerechnet wurde nur unsere Wohnseite getroffen. Ich habe die Möbel unter dem Schutt vorgezogen, die Balken hingen noch, da musste man Angst haben, dass das alles nachstürzt. Aber ich habe alles rausgekriegt, wenn auch sehr beschädigt. (Aus einem Brief meiner Mutter an meinen Vater in das Internierungslager Münster/Hannover, 22. 11. 1945)

Irgendwie haben wir auch wieder Glück mit Mutter. Sie ist im Grunde ein friedfertiger Mensch und spuckt, kratzt und beißt nicht, wie wir das von anderen Demenzkranken schon gehört haben. Sie genießt es, gebadet und eingesalbt zu werden, ihr schmeckt das Essen und sie kann, auf der einen Seite bei mir eingehakt, auf der anderen Seite auf den Krückstock gestützt, den sie „mein Pferd" nennt, spazieren gehen. Das geht mit der Zeit immer besser. Nur selbstständig kann man sie nicht gehen lassen, weil sie unter ständigem Drehschwindel leidet. Und in der Wohnung alleine lassen kann man sie ebenso wenig.

Julius und ich veranstalten in unserem Pflegeradlalltag so einiges, um sie aus dem großen Vergessen zu holen. Julius bereitet das Frühstück, kocht oft für sie, geht mit ihr spazieren, fährt mit ihr auf einen Kaffee durchs halbe Waldviertel oder durch den Wienerwald, wenn es seine Arbeit erlaubt. Das alles auch, damit Mutter und ich „entflochten" werden und ich mehr Zeit für meine Sachen habe – wie Arzt- und Behandlungstermine oder Yoga oder auch ab und zu Artikel schreiben. Weil Mutter es genießt, sich wie ein Kleinkind im Auto durch die Gegend schaukeln zu lassen, ist es für beide eine relativ zufriedenstellende Beschäftigung.

Sonst hält sie sich den ganzen Tag neben uns auf, vorwiegend neben mir – am Land am Küchentisch, in der Stadt im Wohnzimmer.

Meine Aufgaben: Morgens setze ich sie im Morgenmantel an den von Julius gedeckten Frühstückstisch. Danach gehe ich mit ihr ins Bad, Zähne putzen, duschen, ab und zu Nägel schneiden, eincremen, Haare kämmen usw., dann ziehe ich sie an. Sie ist keine von der Sorte, die sich wehrt gegen Körperpflege. Sie war immer eine sehr reinliche Frau.

Wenn Julius arbeiten geht, koche ich mittags, gehe spazieren mit Mutter oder einkaufen, dann beschäftige ich sie mit Malen oder mit Spielen, manchmal lese ich ihr etwas vor oder wir schauen uns Fotos aus ihrer Kindheit an. Die deutsche Fernsehsendung „Fliege“ sieht sie gerne, „den kenn ich doch“, sagt sie jedes Mal, wenn sie den eitlen Fernsehpfarrer sieht. Das Malen macht sie mittlerweile auch ganz gerne, da verziert sie Tannenbäume, Ostereier, Kuchen usw.

Dann erledige ich die üblichen Hausarbeiten: Zimmer aufräumen, Wäsche waschen, Tee kochen, aufpassen, dass Mutter immer rechtzeitig aufs Klo geht, das vergisst sie nämlich einfach, und die Hosen sind dann nass. Medikamente muss ich herrichten, nachmittags Obst und Kekse, unter der Woche koche ich abends noch einmal für sie und meinen Mann. Schließlich endet der Tag mit dem üblichen Abendritual: Zähneputzen, Heizdecke einschalten, Medikamente verabreichen, Kleider ausziehen, ins Bett bringen, Rollos runter, Klolicht an, Heizdecke aus, Nachtkuss.

Tausend kleine Handgriffe, die sich um Mutter und den Haushalt drehen. Was für ein Leben! Wie ein Einsiedlerkrebs.

Mutter ist seit sieben Monaten Mittelpunkt in unserer Wohnung. Meist ist ihr fad. Es ist provozierend, wenn sie auf Briefe von meiner Schwester so reagiert, als würde die sich nie melden – Augenverdrehen, „ach nee“, sagt sie, „gibt’s ja nicht, wird ja auch höchste Zeit, dass die sich mal meldet“ –, wobei meine Schwester doch die Einzige ist, die oft und regelmäßig liebe Briefe und lustige, aufmunternde Karten an sie schreibt.

Das darf man alles nicht persönlich nehmen. Alles in allem ist sie aber dankbar und immer bemüht, nicht zu stören.

Die Kinder warten auch schon auf Vati. Bärbel weiß gar nicht, was sie sich unter „Vati“ vorstellen soll. Ich glaube, sie wird weinen, wenn sie Dich sieht, wir haben doch keinen Mann weiter hier, dass sie an den Anblick gewöhnt wäre. Sie ist gegenüber Fremden sehr scheu. Christa wieder nicht, die fragt jeden, den sie nicht kennt, wie er heißt. Unsere Christa wird nun schon vier Jahre, als Du sie letztes Mal gesehen hast, war sie eindreiviertel Jahre und noch dazu krank. Also Hans, ich schließe jetzt mit den herzlichsten Wünschen, dass Du weiter Glück hast und gesund bleibst. Es küsst Dich Dein Frauchen und die Kinder. (Aus einem Brief meiner Mutter an meinen Vater in das Internierungslager Münster/ Hannover, 22. 11. 1945)

ꕥ.ꕥ

Eigentlich hätten wir in den Semesterferien in Italien sein sollen. Meine Schwester Chris und mein Schwager waren hier, um Mutter zu pflegen. Aber mich hat es am Rücken derart erwischt, dass wir im Waldviertel geblieben sind und Mutter von den beiden in unserer Wiener Wohnung versorgt wurde. Im Spital haben sie mir eine Chemiebombe von Tabletten gegeben, danach war es besser. Einmal nicht von morgens bis abends zu muttern, das war sehr gut, und der Abstand von einer Woche macht wieder vieles erträglicher.

Gestern war ich eine Stunde einkaufen, und Mutter ist das erste Mal allein in der Wohnung im Sessel sitzen geblieben. Auch das wird ein wenig besser – ich kann sie ab und zu für kurze Zeit alleine lassen. Zur Belohnung habe ich ihr ein Konfekt mitgebracht, und sie hat sich sehr gefreut.

ꕥ.ꕥ

Heute hat Mutter den ganzen Vormittag mit Übelkeit im Bett verbracht. Habe ihr Gallentropfen gegeben und dann doch wieder diese Durchblutungspillen. Aber mittags wollte sie Nudeln mit Gulasch essen, und es hat ihr auch geschmeckt. Wenn sie so zittert und kreidebleich in ihrem Bett liegt, frage ich mich immer, ob das der Anfang vom Ende ist. Und was ich dann machen soll. Dann kommt der Tod immer sehr nah heran an mein Denken. Ich fühle mich manchmal ziemlich alleingelassen, würde gerne über das tägliche Allerlei der Mutterbetreuung reden, kann ja nicht immer nur meinen Mann vollquatschen. Er entlastet mich sehr, obwohl er seinen Vollzeitjob als Lehrer hat.

Am Sonntag kamen alle Kinder und Enkel zu uns zum Essen, das macht mir Spaß, für alle zu kochen – Rindsbraten, Gemüse, schöne Vorspeisen, Lachs und zum Nachtisch Apfelstrudel. Es ist für uns eine Bereicherung, alle hier zu haben, auch wenn jedes von ihnen auf eigene Art mit Problemen zu kämpfen hat und ich mir Sorgen um ihre Zukunft mache. Um der Einsamkeit der täglichen Mutterbetreuung zu entkommen, wollen wir regelmäßig Freunde zu uns zum Essen einladen. Wenn schon wir nicht aus dem Haus kommen, dann sollen eben die Menschen zu uns kommen.

Du möchtest gerne wissen, ob wir genug zu essen haben. Also, wir Hausfrauen, die wir nicht arbeiten gehen, bekommen für zehn Tage 3.000 Gramm Brot, 200 Gramm Fleisch, 70 Gramm Fett, 300 Gramm Nährmittel (Mehl), 150 Gramm Zucker, 4.000 Gramm Kartoffeln. Die Kinder kriegen dasselbe, nur 200 Gramm Fett und 250 Gramm Zucker. Dazu kommt monatlich 25 Gramm Bohnenkaffee, 100 Gramm Kaffeeersatz, 400 Gramm Salz und 20 Gramm Tee (den wir aber seit September nicht mehr erhalten haben). Außerdem kriegen die Kinder täglich Milch. Milch kommt für große Kinder nicht mehr in Frage, daher gibt's für jeden Tag 75 Gramm Trockenmilch, sie ist aber auch sehr schön. Wenn Du Dir das alles auf den Tag umrechnest, kommst Du dahinter, dass man meist Hunger hat. Aber wir sind froh, dass wir das kriegen. Auf dem Lande haben sie nicht so viel an Zuteilung. Bei uns ging es bis jetzt. (Aus einem Brief meiner Mutter an meinen Vater in das Internierungslager Münster/Hannover, 27. 11. 1945)

Manchmal schaue ich sie lange an, ihre aufrechten Falten in den Augenbrauen, die ich zu erben scheine, ihre Hängebäckchen, das zerfurchte Gesicht, die kleinen Mausaugen, die je nach Stimmung glänzen oder stumpf sind, manchmal voller Angst – „wo schlafe ich?“ –, die langen Ohrläppchen, die Hängelippe, wenn sie vor sich hin brummelt, das verschmitzte Mündchen, wenn sie einen Scherz machen möchte und alle Wörter durcheinanderpurzeln, ihr immer noch schöner Körper, die gerade, lange Nase, die etwas von Stolz oder Würde ausdrückt, der krumme Rücken und die schmalen Hände, die immer irgendetwas zum Fummeln haben, das Zittern, wenn sie „der Teufel reitet“, und vor allem dieses ganz erstaunte Kindergesicht, dieser Ausdruck von tiefem Vertrauen, wenn sie nicht mehr versteht, inhaltlich und akustisch, was um sie herum geschieht, warum sie eigentlich hier ist. In diesen Momenten wird mir schmerzlich bewusst, wie absolut sie uns ausgeliefert ist, auf Gedeih und Verderb.

Mutter ist eine schöne Frau im Alter, nicht abstoßend, aber doch so verloren, der alte Vogel. Meine Mutter, mein Kind.

Eben habe ich sie dazu gebracht, zusammen mit mir einen Blumenstrauß für ihren ältesten Sohn zu malen, der bald Geburtstag hat. Das Bild ist sehr hübsch und bunt geworden. Für sie ist das eine ungeheure Anstrengung, sie schwitzt, presst die Zunge zwischen die Lippen und fragt immer wieder, ob sie alles richtig mache. Zu dem Geburtstagsbild hat mir Mutter ein paar Zeilen für ihren Sohn angesagt und versucht, zu unterschreiben. Ein kläglicher, misslungener Versuch.

Ich habe Erkundigungen über die Sachwalterschaft eingeholt. Ich muss mit Mutter zum Amtsarzt, dann aufs Gericht. Es scheint mir am vernünftigsten, die medizinischen und finanziellen Entscheidungen selbst in die Hand zu nehmen, nachdem ihr Lebensmittelpunkt hier in Wien ist. Meine Geschwister habe ich darüber informiert.

Meine Tante Mariechen, die Tante meiner Mutter, wohnte in Berlin-Zehlendorf, bevor sie mit meiner Oma und meiner Tante Leni in der Marschnerstraße in Berlin-Lichterfelde zusammenzog. Ich verbrachte einmal das Weihnachtsfest bei ihr, und es stand ein wunderschöner Christbaum in ihrem kleinen Zimmerchen, unter dem zahlreiche Geschenke für mich lagen. Auf dem Fensterbrett entdeckte ich viele Marienkäfer, ich nehme an, zu dieser Jahreszeit handelte es sich um Schokoladenkäfer. Mir war schlagartig klar, weshalb meine Tante Marie mit dem grauen Haarknödel am Hinterkopf Mariechen hieß.

Am Freitag ist Julius mit Mutter ins Museum gegangen und hat sich eine Klimt-Ausstellung angesehen, es schien ihr gefallen zu haben. Aber heute ist sie ganz verloren. Sie weiß nicht, dass sie vier Kinder hat, weiß nicht, wer ich bin oder wie ich heiße – „Mariechen“, sagt sie, lacht und zuckt die Achseln. Dann fragt sie, wo sie schlafen kann, das, was ich ihr erzähle, ist im nächsten Moment vergessen. Es ist mühsam, es ist, als würde man in einen Trichter mit Schalldämpfer sprechen. Oder in Watte. Nichts bleibt hängen. Auch an das Bild, das wir gemeinsam für ihren ältesten Sohn gemalt haben, kann sie sich wenige Stunden später nicht erinnern.

Vielleicht braucht man als Angehöriger für eine solch perspektivenlose Pflege eine spezielle Betreuung. Ich merke nur, dass ich manchmal grundlos in Tränen ausbrechen möchte, mich aber ständig zusammenreiße, weil ich Angst habe, es könnten dann Dämme brechen.

ꟗ.ꟗ

Heute war ich mit Mutter am Gericht, um die Sachwalterschaft zu beantragen. Das wird die Betreuung erleichtern. Die Rechtspflegerin war sehr nett und erkundigte sich nach allen Umständen – warum Mutter bei uns ist, wie der Alltag mit ihr verläuft, welche Dinge sie noch selbstständig machen kann. Mutter hockte wie ein zusammengesunkener Vogel auf dem Sessel und verfolgte alles mit ängstlichen Augen. Antworten auf die Fragen der Rechtspflegerin konnte sie keine geben.

Und so läuft es ab: Die Richterin bestellt einen Sachverständigen, der sich Mutter anschaut, ich werde vor Gericht geladen und befragt, und dann wird entschieden, ob ich geeignet bin, Sachwalterin zu werden. Das dauert etwa drei Monate. Danach kann ich all die anderen Formalitäten erledigen: Bankkonto in Österreich für sie einrichten, Pensionsversicherungs- und Krankenkassenzahlungen regeln, die Kontovollmacht, die mein Bruder über Mutters Konten hat, auflösen usw.

ꟗ.ꟗ

Diesen Tag gibt es nur alle vier Jahre: den 29. Februar. Draußen schneit es ununterbrochen, keine Spur von Frühling.

Wir haben Mutter am Samstag auf dem Land wieder mit in die Sauna genommen. Das war ein Erlebnis der besonderen Art, wie die kleine, nackte Else sich freuen kann: In der Wärme lupft sie ihren Busen, „da müsst ihr mich öfter mitnehmen“, meint sie, breitet die Arme aus, um die warme Luft einzufangen, wundert sich über den Dampf, „so schön warm“, ruft sie, bürstet sich die Arme, breitet die Hände aus, „wie schön, mannohmann, die haben’s in sich und ordentlich eingeheizt“. Dann dreht sie sich um und beäugt meinen nackten Mann: „So was sieht man ja nicht alle Tage“, lacht sie verschmitzt. Es hat ihr nicht geschadet, sie war ganz fröhlich und ausgelassen und bekam knallrote Bäckchen. Danach schlief sie wie ein Murmeltier.

ꟗ.ꟗ

Schon in aller Herrgottsfrühe, als wir noch geschlafen haben, ist Mutter wie ein Hamster durch die Wohnung geirrt, bis sie mich endlich im Schlafzimmer im Bett gefunden hat. Tut sie dann nur so, als ob sie gleich umfällt, damit wir schnell zur Stelle sind, oder ist ihr dann wirklich schwindelig? Wie ein kleines Kind hat sie voller Angst und mit diesem stumpfen Gesichtsausdruck gesagt: „Ich habe gedacht, ihr habt mich alleingelassen." „Aber Mutti", sage ich, „wir lassen dich doch nicht alleine!" Ich schließe sie in meine Arme und wiege sie, damit sie sich beruhigt. Sie hatte sich schon fix und fertig angezogen. Zwar alles verdreht, aber immerhin.

Vormittags waren wir in der Eiseskälte spazieren und Kaffee trinken im Bahnhofsrestaurant. Jetzt sitzt sie im Sessel und bläst Trübsal. Urenkelin Kathi ist gekommen. In der Schule ist die totale Läuseplage. Vorsichtshalber habe ich das Lausmittel auf ihren und meinen Kopf gegeben. Was, wenn auch Mutter Läuse kriegt? Schon jetzt ist es eine Tortur, ihr die Haare zu waschen. Auf alte Menschen sollen sie nicht so gehen, hat man mir gesagt.

Am Nachmittag hat Mutter wieder bitterlich geweint, als sie das Fotoalbum mit den Bildern ihrer Familie angeschaut hat. Vor allem die kleine Hertha, ihre Schwester, die als Kind an einem Herzfehler gestorben sein soll, machte sie traurig. Dann meinte sie, das Foto könne aus dem Album genommen werden. Ich habe sie gefragt, ob sie es in ihrem Zimmer an der Wand in einem Bilderrahmen sehen möchte. Nun hängt es über ihrem Bett, und Mutter ist sehr zufrieden.

Meine Mutter konnte bis zu ihrem dritten Lebensjahr nicht gehen. Ich habe nie erfahren, weshalb, ob sie an Kinderlähmung litt oder an einer anderen Krankheit. Meine Oma war Putzfrau, Kriegerwitwe aus dem ersten Weltkrieg, und ich vermute, dass meine Mutter einfach in ihrem Kinderbett liegen musste, wenn meine Großmutter putzen ging, damit ihr nichts passiert und ihr nicht kalt wird. So lernte sie wohl erst spät Laufen, denke ich.

Meine Mutter hatte eine Schwester, die Hertha, die starb mit acht oder zehn Jahren. Mit der tobte meine Mutter immer im Bett herum, erzählte sie mir einmal, aber dann sei die kleine Hertha plötzlich nicht mehr da gewesen. Die Schwester habe sie geliebt, der habe sie Märchen erzählt und lange Zöpfe geflochten. Sie habe so ein feines, blasses Gesicht gehabt.

Heute ist der gerichtliche Beschluss eingetroffen, dass ich als einstweilige Sachwalterin für meine Mutter bis zur endgültigen Entscheidung bestellt bin. Innerhalb der nächsten drei Wochen soll ein Arzt kommen und ihren Gesundheitszustand feststellen. Dann muss ich vors Gericht und es wird entschieden, ob ich für diese Aufgabe geeignet bin.

Ich habe allen drei Geschwistern folgenden Brief und eine Kopie des Gerichtsbeschlusses geschickt: „Nachdem Julius und ich nun schon seit einem dreiviertel Jahr unsere Mutter rund um die Uhr betreuen und wir also ihren gesundheitlichen Zustand recht gut beurteilen können, habe ich bei Gericht die Sachwalterschaft für Mutti beantragt. Heute nun kam der Bescheid, dass ich zur ‚einstweiligen Sachwalterin' bestellt bin. Das heißt, dass ich befugt bin, alle Angelegenheiten Mutti betreffend vor dem Gesetz zu entscheiden. Das Procedere dauert zwar noch etwas, bis das Gericht mich endgültig zur Sachwalterin von Muttis Angelegenheiten ernennt, ich möchte euch aber rechtzeitig davon informieren.

Mir erscheint die Sachwalterschaft deshalb sinnvoll: Zum einen hat es sich schon vergangenen Sommer bezüglich Narkose schwierig gestaltet, ihr ohne Tricks die notwendige medizinische Hilfe zukommen zu lassen, weil Mutti nicht mehr entscheiden und unterschreiben kann. Vor allem in gesundheitlichen Dingen, wenn schnelle Entscheidungen zu fällen sind, halte ich es für notwendig, dazu legitimiert zu sein, denn es wird künftig vermehrt Anlässe geben, bei denen jemand Mutti vor dem Gesetz vertreten muss.

(...) Ich richte hier in Wien als Mutters Sachwalterin ein Konto für all ihre Geldangelegenheiten ein, über dessen Stand ich allen Geschwistern ebenso wie dem Gericht Rechenschaft schuldig bin. Auch Mutters Wohnsitz in Berlin kann aufgelöst werden, und mir sollte auch sämtlicher Schriftverkehr unsere Mutter betreffend, inklusive der Polizze für die Krankenhaus-Zusatzversicherung und die Sterbeversicherung, übermittelt werden. Die entsprechenden Stellen werden über diesen Kompetenzwechsel rechtzeitig informiert."

In der Früh war Mutter nicht gut beieinander, zittrig, weinerlich. Aber Julius ist trotz kaltem Wind und Schneeschauern mit ihr spazieren gegangen. Sie sind ins Kaffeehaus eingekehrt, Julius meint, sie lebt immer auf und ist ganz Grande Dame, wenn sie so ausgeführt wird. Dann schäkert sie mit ihm, will ihn mit Kuchen füttern und wirft ihm Kusshändchen zu.

Am Nachmittag setzte er sie auf den Heimtrainer, um zu schauen, wie sie reagiert. Und es schien ihr gefallen zu haben. „Wohin radelst denn du“, fragte er, und sie: „Egal, Hauptsache erst mal los.“ Wie ein Teenager kicherte sie und trat in die Pedale. Meine Mutter konnte niemals Rad fahren.

Heute habe ich bei der Post ein Girokonto für Mutter eröffnet, auf das dann ihre Rente eingehen wird.

Was ist von damals bis heute alles geschehen, welch Elend, welche Not liegt dazwischen, man kann jetzt, da wir mittendrin stecken, das alles gar nicht beurteilen, erst später werden wir ermessen können, zurückblickend, was wir erlebt haben. Man wusste die zu Hause in Not, meine Kinder, von denen ich heute noch nicht weiß, wie sie leben. Alles haben sie uns zerstört, unsere sogenannten „Führer“, die heute um ihr Leben winseln und vor kurzem noch in die Geschichte eingehen wollten. (Tagebucheintragung meines Vaters, 18.11.1945)

Mutter geisterte heute trübsinnig in der Wohnung herum. Sie hat mich gesucht, „wo ist denn die, die sonst immer da ist“, fragte sie Julius ängstlich. Um der Trübsalstimmung zu entgehen, sind wir dann aufs Land gefahren. Wunderschönes Schneewetter, minus acht Grad, Sonne.

Mutter ist bei einem guten Essen aufgeblüht. „Ein Gläschen Rotwein?“, fragen wir sie. „Aber ja doch, immer“, sagt sie und schäkert mit Julius, prostet ihm zu. Sie ist regelrecht vernarrt in ihn. „Mein Freund!“, ruft sie mit ihrer tiefen Kohlengräberstimme, wirft ihm Handküsschen zu, steht wackelig auf und schmatzt ihn rechts und links ab.

Beim Schlafengehen fragt sie: „Wo ist denn mein Freund?“ Sie fordert ihn auf, mit zu ihr ins Bett zu kommen. „Was soll ich denn in deinem Bett?“, fragt mein Mann, „was willst du denn dort machen?“ „Ach“, sagt sie zu ihm und nickt ihm zu, „ich würde schon sehen, dass sich mit der Zeit alles verflüssigt. Nicht wahr, mein Kleiner?“ „Er ist doch mein Mann“, sage ich zu ihr, „mach mir keinen Ärger und mach mich nicht eifersüch-

tig." „Ach Gott", sagt sie, „verzeih mir. Da kannst du mal sehen, was für ein alter Dreschflegel ich bin. Schmeiß mich raus." Ich nehme sie in die Arme und wir lachen. Im Bett, als ich ihr gute Nacht sage, meint sie: „Gott sei Dank, dass du da bist."

ᘏ.ᘐ

Internationaler Frauentag. Das politische Datum wird in den Medien, wenn überhaupt erwähnt, abgeschoben in den Kulturteil. Vor genau 20 Jahren haben Julius und ich uns lieben gelernt. Damals hätte ich nicht ahnen können, wie unser Altersalltag ausschauen würde. Damals war fast Frühling, die Luft schon warm, doch dann kam ein Kälteeinbruch. Wir drückten uns im 9. Bezirk im Park herum und küssten uns in den zugigen Hauseingängen. Wie Teenager. Damals hatte ich das Gefühl, die Welt stünde mir angelweit offen, trotz meiner 40 Jahre. Heute, mit 60 Jahren, fühle ich mich ans Ende der Welt versetzt, weit entfernt von allem Geschehen und einbetoniert in Pflegepflichten.

Vielleicht gehe ich heute doch noch auf die Frauentags-Demo.

Lenchen ist in Karlsbad gestorben, das erzählen wir Dir noch ausführlich. Ebenso ist Paulchen Schnee gefallen, noch in den letzten Tagen. Er war in unserer Straße im Vorgarten eingebuddelt. Nun willst Du wissen, was von unseren Sachen kaputtgegangen ist. Also, ich habe das ganze Schlafzimmer unter den Trümmern rausgeholt. Der Kleiderschrank muss gemacht werden, da muss wahrscheinlich ein neuer Oberboden her, es ist alles so zersplittert, ich kann nicht feststellen, wo was fehlt. Jedenfalls geht er noch zu machen, er wartet nur darauf, dass Du kommst. Vielleicht kannst Du es in Ordnung bringen. Die Schönheit ist natürlich hin, aber wir haben noch unsere Klamotten. (Aus einem Brief meiner Mutter an meinen Vater in das Internierungslager Münster/Hannover, 27. 11. 1945)

ᘏ.ᘐ

Es schneit und schneit, am Land hatte es am Wochenende minus zehn Grad. Eigentlich sollten die Krokusse blühen. Alles ist schneeweiß draußen. Mutter schläft noch, halb zehn ist es, sie hat aber schon um halb acht mit uns gefrühstückt, schwindelig ist ihr, also wieder ab ins Bett. Danach baden, Nägel schneiden, Haare waschen, eincremen, das gewohnte Ritual, das sie sehr mag.

Gestern hat Julius Mutter die Haare geschnitten, ein feiner, kurzer Schnitt, sie sieht aus wie eine alte Schriftstellerin. Er hat Mutter mit ins Architekturzentrum zu einer Ausstellung genommen. Als sie sich so interessiert über die Schaukästen beugte, meinten wohl alle, sie sei eine alte, berühmte Architektin, vielleicht eine zweite Schütte-Lihotzky, die erste Architektin Österreichs und Widerstandskämpferin gegen den Hitlerfaschismus, sie ging schon auf die Hundert zu, als sie erste offizielle Anerkennung für ihr Werk erhielt. Aber in Wahrheit hat Mutter so gut wie nichts von der Ausstellung mitbekommen.

„Ach Else", klagt Mutter jetzt wieder in ihrem Sessel. „Was ist denn?", frage ich. „Dass man so allein ist", sagt sie. „Bist du doch nicht", meine ich zu ihr. „Na ja, die Kinder schwirren davon und Mutter soll sehen, wo sie bleibt", erwidert sie, „dann scheißt man sich in die Hosen." „Aber ich bin doch dein Kind und bin hier", beruhige ich sie. „Ach, du bist mein Vorwurf", lacht sie, „nein, mein Nachwurf", lacht sie noch mehr, dann: „Meine Tochter? Warum sagen Sie mir das erst jetzt?" Sie hat die komischsten Wortkombinationen.

Als sie am Morgen den Schwarm Saatkrähen sieht, der am Himmel vorbeizieht, murmelt sie: „Oi, die spundeln schon wieder da oben." Die weißen Kondensstreifen von den Flugzeugen kommentiert sie mit: „Die Pawoll gibt Schnee."

Eben waren wir einkaufen – als Vor-Ostergruß habe ich ihr einen kleinen Igel aus Ton geschenkt. Den hält sie nun wie ein kleines Kind in der Hand, streichelt ihn und lächelt selig. Und so ist das flüchtige Leben der Else: Minuten später weiß sie nicht mehr, dass der Igel von mir ist. „Der ist von der, die immer da ist", sagt sie treuherzig zu mir. Was ja irgendwie stimmt. „Der kommt mit nach Berlin, Wasser saufen."

Bei uns zu Hause erledigte mein Vater immer das Einkaufen. Mit dem Fahrrad fuhr er auf den Markt und brachte die schönsten Dinge mit – gereiften Harzerkäse, Blutwurst, Sülze, Sauerkraut, Salzgurken, Leberwurst. Das alles breitete er genüsslich auf dem Küchentisch aus und erzählte zu jedem Ding eine lustige Geschichte. Meist roch er nach Bier, und meine Mutter zählte stirnrunzelnd das Geld nach, das übrig geblieben war. Ihr wurde das Einkaufen gehen von meinem Vater abgewöhnt. Erst nach seinem Tod traute sie sich wieder in die Warenwelt und kaufte zaghaft Dinge, die er als unnütz angesehen hätte.

„Vata hat det janze Jeld uffjefressen", sagt sie. Aus Berlin brachte sie eine große, weiße Porzellanente mit Goldfüßen und goldenem Schnabel mit, die bis vor kurzem auf dem Schrank in ihrem Zimmer stand. Dieses doofe Monstrum war einmal vor langer Zeit ihr Einkaufswunschtraum, den sie sich erfüllt hat. Dass sie die Ente nun unserer Freundin Sissy zum Geburtstag geschenkt hat, ist ein Liebesbeweis. Sissy ist eine Mitbewohnerin unserer Hofgemeinschaft und plaudert immer sehr herzlich mit Mutter.

Es hat die ganze Nacht unentwegt geschneit. Heute kommt eine Krankenschwester von der Magistratsabteilung-Sowieso und schaut sich Mutter an. Ich will mich wegen einer Betreuungshilfe informieren.

Die Frau vom Magistrat hat alle Daten von Mutter aufgenommen, und ich habe einen Pflegevertrag unterschrieben für 16 Stunden im Monat Betreuungsdienste, dienstags und donnerstags von halb neun bis halb elf. Eine halbe Stunde Wegzeit muss jeweils abgezogen werden. Das kostet monatlich 101,77 Euro, pro Stunde also 6,36 Euro. Berechnet wird das nach Mutters Einkünften: Rente, Witwenpension, Pflegegeld, von den Wohnkosten wird ein Drittel unserer Miete anerkannt, die Heizkosten allerdings nicht. Mal sehen, wie das wird. Die Dame meinte auch, dass ich um eine Erhöhung des Pflegegeldes ansuchen könnte und dass ich mich, wenn die Sachwalterschaft endgültig durch ist, erkundigen soll, ob das nicht von Österreich ausgezahlt wird.

Als Kind liebte ich es, auf dem Fensterbrett unserer Dachmansardenwohnung in der Postsiedlung zu sitzen und auf die hohen Pappelbäume zu schauen. Ich versuchte Gesichter in dem Schattenriss zu entdecken. Einmal kletterte ich auf den Fenstersims, um meinen Vater besser beobachten zu können, der unten in dem kleinen Gartenstück, das jede Hauspartei hatte, den Boden umgrub. Noch während ich mich wunderte, wes-

halb ich den Vater nicht mehr dort unten entdecken konnte, spürte ich seine Hände an meinen Schultern, und mit einem Ruck wurde ich nach hinten gerissen. In den Augen meines Vaters las ich Angst und Ärger.

Mutter ist heute traurig. Sie meint, alles geht einmal zu Ende und sie würde uns zur Last fallen, sie wüsste auch nicht, wo sie hin soll. „Irgendwann muss ich ja wieder nach Hause gehen", sagt sie, „aber ich weiß gar nicht, was ich mein Zuhause nennen soll." Ich umarme und beruhige sie. „Ich danke dir, die anderen zu Hause haben alle so ihre Machenschaften", sagt sie.

Jetzt werde ich Mittagessen kochen und dann ein wenig an die Luft gehen mit ihr. Draußen scheint mittlerweile die Sonne und der viele Schnee ist matschig und nass geworden.

Einsamkeitsgefühle machen sich in mir breit. Früher war ich viel unterwegs, in der Redaktion war immer etwas los, ständig ging das Telefon. Nun merke ich, wie schnell man unwichtig wird, wenn man keine Artikelaufträge oder andere Arbeiten zu vergeben hat. Das Telefon läutet wenig, und wenn, dann rufen meist die Kinder an. Das relativiert für mich meine vergangene Wichtigkeit. Ist das jetzt die Vorstufe zur Alterseinsamkeit? Wenn wir Besuch bekommen, muss ich aufpassen, dass ich nicht zu viel über meinen neuen Lebensmittelpunkt, die Mutterbetreuung, rede, das muss allen ziemlich auf die Nerven gehen.

Einmal verbrachte meine 13-jährige Schwester ein paar Tage im Krankenhaus wegen irgendwelcher gynäkologischer Untersuchungen. Frau Olivier, in deren Drogerie wir immer einkauften, fragte mich, was los sei. Ich wusste nicht, wie ich es gesittet ausdrücken sollte, also sagte ich, meine Schwester sei wegen einer Geschlechtskrankheit im Spital. Die Frau schaute mich ernst an und schwieg. Mutti stellte mich später zur Rede. Wahrscheinlich hatte Frau Olivier gefragt, ob das mit der Geschlechtskrankheit meiner Schwester stimme, und ich erzählte ihr alles. Da war Mutti entsetzt und nahm es zum Anlass, mich und meine Schwester aufzuklären. Sie rang um Worte, verdrehte nervös ihre Finger, wurde rot, wusste nicht, wie und was sie uns sagen sollte. Mir tat sie leid. Wir konnten ihr doch unmöglich sagen, dass wir bereits wussten, wie Kinder entstehen: nämlich nicht vom Knutschen.

Gestern hat eine chilenische Freundin wegen einer ganztägigen Konferenz, an der Julius und ich – was für eine Abwechslung! – teilgenommen haben, auf Mutter geschaut. Stundensatz zehn Euro. Diese zehn Stunden machen ein Viertel des Pflegegeldes aus, das Mutter monatlich bekommt. Als wir heimkamen, war Mutter glücklich. „Mein Junge“, sagte sie zu Julius, streckte ihm die Arme entgegen und strahlte beim gemeinsamen Abendmahl wie ein Napfkuchen. Offensichtlich gibt es doch so etwas wie Verstehen und Erinnern oder vielleicht auch Neuformen des Gedächtnisses.

Unser Elschen. Heute Morgen saß sie schon um kurz nach sieben Uhr – wir haben länger geschlafen – im Vorzimmer auf dem schwarzen Sessel, ihr Bett war wie in einer Militärstube ordentlich gerichtet, sie hatte angezogen, was sie halt so fand: zwei Strumpfhosen übereinander, kein Unterhemd, aber eine Wollweste verkehrt herum. Ganz verloren wie ein Flüchtlingskind saß sie dort. „Ach, Gott sei Dank, dass du da bist“, stöhnte sie.

Sie sagt manchmal so treffende Sachen. Zum Beispiel beklagte sie sich heute, dass sie nur rumsitzen würde, abgestellt sei. Ich sage: „Lass dir doch was einfallen, dass es nicht so fad ist.“ Sagt sie vorwurfsvoll: „Lass dir mal was einfallen – ja was denn, wenn du keinen Kopf mehr hast.“ Stimmt. Als sie mittags beim Abtrocknen hilft, ermahnt sie mich: „Hast du die Löcher reingerechnet?“ Sie deutet auf die Gabeln, die noch einsortiert werden müssen. Als ich lache, murmelt sie: „Haste ooch den richtjen Entenhut?“

Unser kleiner Prinz, sagt Julius, wenn Mutter morgens mit abstehendem Nachthemd und ausgestreckten Armen, halb blind, schwankend und verloren lächelnd aus ihrem Zimmer wankt. Zielstrebig steuert sie auf Julius zu und verlangt den Morgenkuss von ihm. „Dieser Vulkanatem bringt mich noch um“, stöhnt Julius. Ihre Medikamente werden das verursachen. Ihr Kussritual geht ein paar Mal hin und her – nach dem Aufstehen, nach dem Badezimmer, vor und nach dem Frühstück verlangt Mutter Zärtlichkeit, sie vergisst einfach, dass morgendliche Zuwendung bereits mehrmals ausgetauscht wurde. Julius verdreht die Augen und flüchtet sich in einen Halbschlaf im Frühstückssessel. Sie schaut mitleidig auf ihn. „Ist er müde, der Kleine“, deutet sie auf den stattlichen Mann.

Heute habe ich vierzehn Tage Urlaub in Cecina in Italien am Meer gebucht. Zuvor sind wir eine Woche bei Freunden am Trasimener See – unseren gebuchten und stornierten Urlaub vom Februar nachholen. Meine Schwester, ihr Mann sowie mein kleiner Bruder und seine Frau werden uns ablösen in der Betreuung.

ꕥ

Nach Monaten des Schweigens ruft mein Bruder Peter aus Berlin an. Er möchte Mutter sprechen. Sie klagt, sie sei unzufrieden, es gehe ihr nicht gut und es werde Zeit, nach Hause zu kommen. „Wie geht's denn so zu Hause? Alles gesund? Was macht dein Frauchen", fragt sie. Die Sachwalterschaft empfindet er als Verrat. „Dass du Mutter entmündigt hast, war das denn wirklich notwendig?", fragt er mich vorwurfsvoll. „Ich halte es für notwendig", erwidere ich.

Meine Mutter und mein Vater lernten sich im Sandkasten kennen. „Eine Kinderliebe war das", sagte Mutti früher zu uns Kindern. Ihre beiden Mütter seien Kriegerwitwen gewesen, ihre Männer fielen im ersten Weltkrieg. Somit trugen sie ein gemeinsames Schicksal, vor allem die Sorge, wie man als allein lebende Frau mit Kindern in solch einer Zeit überleben kann. Einmal habe Hänschen, so wurde mein Vater von meiner Mutter genannt, Bonbons ergattert, die zur Weihnachtsfeier den Kindern zugeworfen wurden. Nur meine Mutter war zu patschert, welche zu fangen. Als Hänschen dem Elschen seine Bonbons überreichte, habe sie ihn lieben gelernt, erzählte sie mir später.

ꕥ

Unser Enkelkind Tati hat Geburtstag. Dreizehn Jahre ist sie geworden. Sie hat bei uns geschlafen und in der Früh haben wir ein schönes Frühstück hergerichtet mit Geburtstagskerzen und einem Kaktus – den wünschte sie sich. Auch ein Fahrrad-Gutschein lag neben dem Kakaohäferl.

Heute kommt die Betreuungshilfe für eineinhalb Stunden zu uns. Ist auch irgendwie nicht optimal, weil man partout weggehen muss, auch wenn es einen gerade nicht freut. Und wenn man dann unterwegs ist, muss man zuschauen, pünktlich wieder daheim zu sein. Aber heute passt es mit dem Besuchsdienst.

Ich bekomme eine Behandlung wegen meiner Hüfte, mir tut alles weh, ich habe schlecht geschlafen, Blutdruck viel zu hoch ... Julius ist zu seinen Studenten an die Akademie gegangen.

ꕥ

Schönstes Frühlingswetter. In den Medien kommen nach den Anschlägen in Madrid vom 11. März unentwegt Terrormeldungen und -warnungen, Überwachungskameras, Polizeistaat, Ruf nach Führer und Ordnung. Was sollen nur unsere Kinder und Enkel von dieser Welt denken?

Mein Vater arbeitete früher als Tischler, danach als Telegrafenbauhandwerker bei der Post. Später absolvierte er die Beamtenlaufbahn, weshalb meine Mutter, die zeitlebens Hausfrau blieb, von der privatisierten Postnachfolgefirma Telekom eine gute Altersversorgung bekommt. Danke, Vater! Aber nie hatte meine Mutter ein eigenes Konto, nie betrat sie eine Bank. Die Geldgeschäfte erledigte mein Vater und gab seiner Frau ein Haushaltsgeld. In seinen Tagebüchern führte er genau Buch über seine Ausgaben.

Gestern Abend war Mutter ganz ausgelassen und albern. „Ich habe einen Lititi", lachte sie und erklärte: „Das habe ich immer bei Tante Mariechen gesagt: Lititi." Als sie spürte, dass ein paar Krümel vom Abendessen an ihrem Mund klebten, nuschelte sie: „Hab heut noch det Maul jeschnullt."

Nun beklagt sie sich wieder, sie wüsste nicht, wie sie das alles hier bezahlen soll, sie habe doch gar kein Geld. Ich beruhige sie und versichere, sie würde alles selbst bezahlen, ihr Geld reiche aus. Ihre Antwort: „Wenn ich es machen könnte, würde ich es ja machen." „Was denn?", frage ich. „Einen Schwimmerlappen", sagt sie. Keine Ahnung, was sie meint.

ꕥ

Am Wochenende war Julius mit ihr auf einer langen Spazierfahrt unterwegs, danach ließen sie sich im Sonnenschein Süßes auf der Kaffeehausterrasse schmecken. Sie fühlt sich, glaube ich, geborgen am Land. Am Samstag war sie wieder mit uns in der Sauna und hat es genossen. Den Julius bezeichnete sie als den „Prediger", und später raunte sie zu sich: „Ach Else, was bist du für ein steiniger Wurm." Natürlich wusste sie nachmittags wieder nicht, wo sie schlafen soll: „Da jault man dann wie so'n kleiner Hund von der Straße – wo schlafe ich", lachte sie.

Gestern Abend hat eine Freundin auf sie geschaut, weil wir zu einer Buchpräsentation gegangen sind. Das hat sie wohl etwas durcheinandergebracht. Aber es muss sein – ab und zu müssen Julius und ich auch an uns denken. Er meint, ihr Verhalten heute früh war die Rechnung dafür, dass wir abends nicht zu Hause geblieben sind. Da saß sie zitternd im Sessel und beklagte sich, dass sie alleingelassen worden sei und nicht wisse, wo sie sich befinde.

Von meinem Vater habe ich gelernt, den Krieg zu hassen. Wenn wir abends im Bett lagen und das Feuer im Ofen an der Decke des Kinderzimmers gelbe Flackerringe zeichnete, erzählte er von den schrecklichen Kriegserlebnissen in Italien. Einmal hätten sie, die Deutschen, in einem Dorf Italiener erschießen sollen, die mit erhobenen Händen aus den Häusern kamen. Aber die kleine Truppe meines Vaters habe das nicht getan. Niemand habe darüber gesprochen, so als sei nichts geschehen. Kein Vorgesetzter und kein „Schütze Arsch", wie mein Vater sich und seine Kameraden nannte, habe darüber ein Wort verloren. Er erzählte uns erleichtert, dass er im Krieg Glück gehabt habe, weil er niemals einen Menschen töten musste.

Die Heimhilfe, die eigentlich Besuchsdienst heißt, war heute wieder da. Der Sinn der Sache birgt irgendwie auch etwas Paradoxes: Wir müssen fortgehen, selbst bei dem größten Sauwetter wie heute, bei Regen, kaltem Wind, Temperaturen um null Grad. Julius und ich waren einkaufen, ein „Freizeiterlebnis", und dann haben wir die Frau Besuchsdienst einfach früher wieder weggeschickt. Wenn es wärmer und schöner wird, könnten wir in den eineinhalb Stunden Rad fahren, sofern Julius keinen Unterricht hat. Oder ich gehe schwimmen. Ansonsten sind wir gezwungen, uns etwas einfallen zu lassen. Die Lust, faul auf einem Sofa zu liegen, weil einem einfach danach ist, fällt einem fixen Stundenplan zum Opfer.

Auch mit den unterschiedlichen Terminen meiner Behandlungen und mit Julius' Stundenplan ist es schwierig. So ad hoc jemanden zu finden, ist nicht leicht, obwohl wir, bzw. Mutter, gut zahlen – zehn Euro die Stunde. Am Sonntag zum Beispiel, als wir zur „Literatur-im-März"-Veranstaltung gehen wollten: Die Tochter war verhindert, jemand anders war nicht erreichbar, die „Reservebetreuer" hatten auch etwas Besseres vor, es ist ein ewiges Buhlen und Bitten. Morgen wird es ähnlich sein: Ich habe Behandlung im AKH, Julius hat Unterricht. Nach langen Telefonaten wird schließlich doch schnell jemand aus unserer Familie einspringen. Das nervt, dieses Bitten.

Nach dem Krieg war Not, es gab wenig zu essen, meine Mutter ging oft in den Ostteil der Stadt zum Einkaufen, in den HO, Handelshaus Ost. Dort kostete das Brot nur einen Bruchteil dessen, was im Westteil der Stadt verlangt wurde, denn die DDR stützte die Preise für Grundnahrungsmittel staatlich. Mit dem billigen Einkaufen für Westler war später Schluss, die Mauer wurde gebaut und niemand aus Westberlin konnte mehr ohne Passierschein hinüber in den Ostteil fahren. Die billigen Lebensmittel fehlten unserer Familie. Wenn wir bei den Lagotniks, dem kleinen Lebensmittelladen schräg gegenüber unserer Wohnung, einkauften, schickte meine Mutter uns Kinder oft mit einem Zettel, auf welchem sie bat, „anschreiben“ lassen zu dürfen. Mir war das immer sehr unangenehm.

Heute kam vom Arzt, dem Sachverständigen für die Sachwalterschaft, der Bescheid, dass er meine Mutter am kommenden Mittwoch untersuchen möchte. Es nimmt also alles seinen Lauf.

Julius war wieder mit Mutter spazieren und im Schweizer Garten Kaffee trinken. Danke, Julius. Die Tage mit ihr allein werden immer sehr lang. Aber ich habe schon für abends – es kommen Gäste – das Essen vorbereitet. Wir schauen halt, soviel Besuch wie möglich einzuladen und zu bekochen, weil wir ja nicht weggehen können.

Ich war heute, als die beiden unterwegs waren, auch wieder auf der Schmerzambulanz zur Akupunktur. Ich habe das Gefühl, mein ganzes Skelett verschiebt sich durch die Turnerei, im linken Schlüsselbein und in der rechten Armkugel knackst und knurpelt es. Ich turne jeden Morgen eine halbe Stunde, es ist die Energie der Verzweiflung.

Gestern Abend hat Mutter wieder ihre komischen Witze gemacht. Sie hat mit Julius geschäkert. „Nicht wahr, mein Bester, mein Lieber, kommst du mit in mein Bett?“ „Aber Mutti“, rufe ich, „das ist doch mein Mann, mach mir keinen Ärger!“ „Was, dein Mann?“, lacht sie und kichert: „Egal, Mann ist Mann.“

Vor einer Woche war Frühlingsbeginn – und es schneit und schneit und schneit.

„Wo schlafe ich denn heute?“ Jeden Nachmittag das Gleiche, Tränen, Traurigkeit, Ratlosigkeit, Angst. „Ich glaube, es wird Zeit, nach Hause zu gehen.“ „Aber Mutti“, sage ich, „du bist doch hier zu Hause, schon fast ein Jahr!“ „Aber irgendwann muss ich ja doch weg“, erwidert sie. Sie vergisst es jeden Tag neu. Die Furcht, alleingelassen zu sein, sitzt tief und ist unauslöschbar. Wenn ich sie in die Arme nehme und ihr versichere, dass sie nicht weg muss, kommt ein Stoßseufzer und ein „Gott sei Dank“.

Dann haben wir Fotos angeschaut. Zu einem Foto von mir sagt sie: „Das ist auch so eine Frau, die fürs Essen zuständig ist.“ Und dann, als ich die Stirn runzele, mit verschmitztem Lächeln: „Meine Schwiegermutter.“ Zu dem Foto, das meinen kleinen Bruder zeigt, sagt sie, das sei Helene. „Joachim???“, fragt sie verwundert. „Aber warum hat der denn Mädchenkleider an?“ Zu dem Foto, auf welchem ihr großer Sohn als Jugendlicher zu sehen ist, sagt sie: „Das ist auch irgend so einer aus der Verwandtschaft von früher.“ Dann: „Mein Sohn?“, und Achselzucken.

Mein kleiner Bruder Joachim wurde 1946 geboren. Ich sehe noch alles vor mir: Er lag wie ein eingeschnürtes Paket auf dem Doppelbett in der Wohnung meiner Oma und war krebsrot. Er krächzte wie ein heiserer Rabe, und als ich seine kleine Hand berühren wollte, kamen Mutter, Oma und Tanten angerannt und verboten mir das. Er sei noch zu klein, man dürfe ihn nicht berühren. Mein kleiner Bruder wurde später oft von meiner Oma und den zwei Tanten betreut. Bei uns zu Hause gab es zu viele Esser und meine Eltern hatten Mühe, uns satt zu bekommen. Meine Oma und die Tanten verwöhnten den Kleinen, schälten ihm zu einer Zeit Orangen, wo wir anderen Kinder nicht einmal im Traum an diese köstlichen Früchte denken konnten.

Heute war ich wegen der Sachwalterschaft beim Neurologen. Der wird einem vom Gericht als Sachverständiger zugewiesen. Er hat Mutter genau befragt: Wie viele Kinder? – Achselzucken. Wer ist das? – „Meine Tochter ...“ Wie heißt sie? – „Bärbel.“ Das waren die einzigen Fragen, die sie, wie durch ein Wunder, richtig beantwortet hat. Doch in welcher Stadt sie lebt – „ich denke Berlin“, was ein Euro ist – „vielleicht ein Liter“, wie viel Rente sie bekommt – „ich vergesse alles ...“, wann sie geboren ist – Schulterzucken. Sie hat leider fast keine Antwort gewusst und sich immer wieder ängstlich nach mir ungewandt. Sie hat mir so leid getan, aber so ist es. Er hat noch gefragt, was bei ihr alles gemacht werden muss – waschen, anziehen usw. Dann meinte er, ich sollte ihre Medizin durch ein Medikament gegen Demenz ersetzen. Ich muss einen Neurologen mit ihr aufsuchen. Das werde ich aber erst tun, wenn mir die Sachwalterschaft übertragen wird.

Wir waren in der Osterwoche in Berlin, das war schön. Mein kleiner Bruder Joachim und seine Frau Milica sind nach Wien gekommen und haben Mutter betreut. Sie sind gut klargekommen. In Berlin habe ich Rücksprache mit den Banken gehalten, wie ich vorgehen soll, und auch einen Nachsendeantrag für Mutters Post gestellt. Ansonsten Ausflüge, Ausstellungsbesuche, eine Stippvisite zu Tante Gretchen in das Oderbruch und nach Bad Freienwalde und Altranft. Dort habe ich einen Teil meiner Kindheit verbracht.

Ich spüre sie noch ganz genau, diese wohlige Wärme im Rücken. In Altranft hatten meine Verwandten ein kleines Spargelbeet hinter dem Haus. Im Hochsommer, wenn ich als Berliner Stadtpflanze zu ihnen aufs Dorf kam, legte ich mich manchmal in dieses Spargelbeet, die Vertiefungen umschlossen meinen kleinen Kinderkörper, der heiße Heidesand rieselte in alle Ritzen, und über mir schwebte vor einem tiefblauen Himmel das grüne Spargelkraut sacht hin und her. Oft verbrachte meine Mutter während des Krieges die Sommer dort bei den Verwandten, die eine kleine Poststation im Dorf betreuten. Sie hoffte, dort mit ihren Kindern vor den Bomben besser geschützt zu sein. Und nach dem Krieg war es nicht so knapp mit dem Essen, es wurden Hasen und Hühner geschlachtet – eines sah ich einmal ohne Kopf über den Hof laufen, nachdem der Onkel es geschlachtet hatte. Ich erinnere mich, dass in einem großen Topf auf dem Herd dunkelbrauner Sirup gekocht wurde.

In Berlin erreichte uns die Nachricht, dass Julius' Mutter gestorben ist.

Gestern war ein trauriger Tag. Wir sind zur Beerdigung von Julius' Mutter nach Salzburg gefahren. Es tut mir leid, dass wir sie vor ihrem Tod nicht noch einmal gesehen haben. Den Besuchstermin, den wir ausgemacht hatten, können wir nun aus dem Kalender streichen. In letzter Zeit war die Schwiegermutter sehr durcheinander. In dem Pflegeheim wurde sie zwar gut betreut, dennoch ist sie oft durch die Gänge geirrt, einmal fand man sie in der Tiefgarage, in die sie sich verirrt hatte. Immer wieder musste sie ins Spital gebracht werden, weil sie gestürzt war, sich etwas gebrochen hatte und dann mit einem Gips herumlaufen musste. Und dieses schreckliche, langgezogene „Bitte! Bitte! Bitte“, das wie in einer Tonschleife aus ihrem klinisch sauberen Zimmer kam, wenn wir sie besuchten, wird mir nicht aus dem Kopf gehen.

„Sag einmal, wie komm ich denn eigentlich nach Hause?“ Immer wieder die Frage. „Du bist bei uns zu Hause, Mutti, mach dir keine Sorgen.“ Gestern kam mir der Gedanke: Meint sie damit vielleicht das Sterben?

Heute kam das Gutachten des Neurologen über Mutters Gesundheitszustand. Irgendwie vernichtend – sie ist hochgradig unzurechnungsfähig und kann ihre Sachen nicht mehr eigenverantwortlich regeln, sie ist „nicht in der Lage, alle oder einzelne ihrer Angelegenheiten selbstständig ohne die Gefahr eines Nachteiles für sich wahrzunehmen (§ 273, Abs. 1.ABGB)“, stellt der Gutachter fest. „Der auch anwesenden Betroffenen wurde das Wesen des Verfahrens erklärt. Sie war stark schwerhörig, sehr unsicher und wandte sich immer wiederum hilfesuchend an ihre Tochter. Sie konnte auf Nachfragen nicht angeben, wie lange sie schon in Wien sei und zeigte sich einverstanden, dass sie weiter von der Tochter betreut werde.“ Und: „Die Betroffene ist bewusstseinsklar. Sie ist persönlich teilorientiert, zeitlich desorientiert, örtlich desorientiert, situativ desorientiert. Die Sprache ist klar. Der Sprach- und Gedankengang ist hochgradig verarmt, auf einfachste Konfabulationen reduziert. Ein geordnetes Gespräch ist nicht mehr möglich. Auch einfache Gegenstände können überwiegend nicht mehr bezeichnet werden. Einfache Aufforderungen werden allerdings noch verstanden und ausgeführt.“ Ergebnis: „Bei der Betroffenen findet sich aus psychiatrischer Sicht ein hochgradiges demenzielles Syndrom im Rahmen einer senilen Demenz. Neurologisch fanden sich diskrete Auffälligkeiten, die auf ein cerebrales Abbaugeschehen hinweisen."

Meine arme Mama. Was wird mit dir? Was wird mit uns? Ich werde den Bescheid allen Geschwistern zuschicken, für den großen Bruder vielleicht die Antwort auf seinen Vorwurf, ob es wirklich nötig war, „Mutter entmündigen zu lassen".

Einmal musste meine Schwester Schulaufgaben am großen, runden Tisch schreiben und mein Vater saß daneben und versuchte vergeblich, meiner Schwester etwas in Rechnen beizubringen. Ich selbst ging noch nicht in die Schule. Ich saß daneben und plapperte dazwischen, schrieb schließlich, weil mich niemand beachtete, die Rechenlösung auf einen Zettel und – prack, habe ich von meinem Vater eine Ohrfeige bekommen. Bis heute weiß ich nicht warum. Anscheinend habe ich ihn mit meiner vorlauten Art genervt. Rechnen war später in der Schule nie meine Stärke.

Julius war mit Mutter Topfenstrudel essen – und ist mit ihren Zähnen in der Serviette zurückgekommen, denn die sind im Strudel stecken geblieben. Neulich sagte sie zu Julius, als wir irgendwie von ihrem Mann Hans gesprochen hatten: „Das ist mein Mann, der mich begriffen hat." Schön, diese doppelte Wortbedeutung. Sie sagt überhaupt sehr witzige Sachen, zum Beispiel heute, als sie ihre Vergesslichkeit thematisierte: „Ich bin nicht mehr ganz öffentlich."

Am schwersten ist es für mich, Mutters geistige Abwesenheit oder ihre Ver-rücktheit von der Realität zu ertragen. Sie klagt, dass die Kinder sich nicht kümmern würden, nur Joachim ist ihr erinnerlich. Ich sage, dass meine Schwester und ihr Mann erst vor kurzem hier waren, sie weiß es nicht. Der kleine Bruder und seine Frau waren da – kein Erinnern. Der große Sohn habe vor ein paar Tagen angerufen – „ach wirklich?" „Und Bärbel?", frage ich. „Na, die kümmert sich schon gar nicht, die ist immer unterwegs", sagt sie und schaut mich treuherzig an. „Ich bin die Bärbel", sage ich. „Ach Mädchen", sagt sie, „sei nicht böse, ich vergesse eben alles." Dann fragt sie nach ihrer Schwester Leni. „Ach Mutti", sage ich, „die ist ja schon an die fünfzehn Jahre tot." Da weiten sich ihre Augen schreckerfüllt und Tränen kommen: „Aber wieso hat mir das denn keiner gesagt?" Und dann beginnt es wieder von vorne: „Wo schlafe ich denn heute?" Ihre Synapsen spielen verrückt. Doch meist gelingt es Julius, sie wieder zum Lachen zu bringen. „Dein Kopf hat ein Loch, alte Else", sagt er. „Else ist eben ein Dusseltier", sagt sie zu ihm.

Meine Schmerzen quälen mich. Heute Nacht war es wieder ganz schlimm. Nach der Morgengymnastik ist es dann etwas besser, aber die Schmerzen in der Hüfte und im Rücken sind manchmal höllisch.

Unsere Frau Omsch: Heute hat Julius einen Sonnenschirm für den Balkon gekauft, damit Mutter länger Schatten hat, wenn es heiß wird. Sie sitzt am Balkon und wir befestigen den Schirm, da ist sie plötzlich stinkbeleidigt. Sie bekommt dann so ein eingefrorenes Gesicht, hängende Mundwinkel und einen engen Blick. „Was ist denn los? Sollen wir den Schirm wieder weggeben?" – Schulterzucken. Dann sagt sie sehr bestimmt: „Ja! Ich habe ihn ja nicht bestellt." Also haben wir den Schirm wieder abgespannt. Julius meint, sie war beleidigt, weil er sie nicht gebührend mit Küsschen begrüßt hat, als er nach Hause gekommen ist.

Später in ihrem Zimmer klagt sie: „Wird Zeit, dass sie mich rausschmeißen." „Wer denn?", frage ich. „Na die, die mich hier festhalten", antwortet sie. Und: „Die Kinder können nur meckern." „Welche Kinder", frage ich, „deine?" „Ich hab doch keine Kinder", sagt sie. „Aber Mutti", sage ich, „ich bin doch dein Kind." „Nee, das könnte dir so passen", lacht sie, „willst du mich wieder auspfeifen, wo bist du denn geboren?" „Im Rittbergkrankenhaus", sage ich. „Nee", sagt sie, „du bist meine Mutter, du musst für mich sorgen." Sage ich: „Mach ich ja, aber du bist 92, wenn ich deine Mutter wäre, müsste ich ja schon 130 Jahre alt sein." Da lacht sie herzhaft und sagt: „Na, das geht nun auch wieder nicht."

Meine Mutter bekam einmal ein nagelneues Kleid, das wurde im KaDeWe, dem Kaufhaus des Westens auf der Tauentzienstraße, gekauft. Das war in der Familie eine Sensation, denn gewöhnlich nähte meine Mutter alle Sachen selber. Es war ein leichtes Sommerkleid aus Baumwolle, und ich kann mich noch genau an das Muster erinnern: Auf beigefarbenem Grund

MENDE 2006

war eine zartbunte, italienische Landschaft gemalt, im Stil der fünfziger Jahre: Weinreben, Berge und Seen, ein Mann in einem Gondelboot und eine wunderschöne Landschaft, in die ich als Kind meinen Kopf drückte und den Geruch von Wäschestärke und Lavendelseife tief einatmete.

ꟹ.ꟹ

In den letzten zwei Tagen ging es Mutti nicht gut, schwach, schwindelig, übel, sie lag viel im Bett. Heute wieder geht es ihr sehr gut, sie ist hell da und macht Scherze. Wie schnell das bei ihr wechselt. Ich habe es sofort ausgenutzt, hab sie gebadet, alles, was notwendig ist, erledigt und bin mit ihr zum Friseur gegangen: neue Dauerwelle. Ganz stolz ist sie, und es sieht auch sehr gut aus.

ꟹ.ꟹ

Heute haben wir uns – nach 30 Jahren zum ersten Mal – den Maiaufmarsch geschenkt und sind mit Mutter aufs Land gefahren. Irgendwie haben wir nicht gewusst, ob es dort auf der Ringstraße in Wien freie Bänke zum Niedersetzen gibt und wo in der Nähe geparkt werden kann, denn mit der alten Mutter sind wir nicht so beweglich. Und das Wetter war auch so, als würde es jeden Moment regnen.

Also kein Tag der Arbeit diesmal, wohl eher ein Tag der Arbeitslosen: In ihrer neuen Studie über globale Beschäftigung schätzt die ILO, dass die Zahl der Arbeitslosen in den letzten zwei Jahren weltweit um 20 Millionen auf 180 Millionen Menschen gestiegen ist. Am Marktplatz der Arbeit wird es eng. Gefragt sind schlaue, flinke Dienstleister, die ihre Märkte selbst definieren, lese ich im Wirtschaftsteil der Morgenzeitung. Wer in der Erwerbsarbeitswelt also Fuß fassen will, muss Marktlücken im Dienstleistungssektor aufspüren. Zum Beispiel: Billigangebote für RentnerInnen im Internet ausforschen, Psychodienste für gestresste Manager offerieren, Nachrufe für Verstorbene verfassen oder Memoiren für die Familienchronik. Oder Partyservice, Fahrtendienste, Nachhilfe, Einkaufen, Baby- oder Hundesitten, Altenbetreuung anbieten. Und zwar rund um die Uhr. Und: billig, billig, billig. Die bespöttelte „Ich-AG“ liegt im Trend und ruft so genannte „Kümmer-Dienstleistungsunternehmen“ auf den Plan. Ausdruck dieser Entwicklung sind die „neuen Selbstständigen“, die in Österreich von rund 8.000 im Jahr 1998 auf mehr als 30.000 im Vorjahr angestiegen sind. Im Dienstleistungsbereich wird eingespart, outgesourct in Billiglohnländer. Ich habe ja auch meinen Markt der Mutterbetreuung selbst definiert, nur wird diese Arbeit nicht bezahlt. Arbeit gäbe es mehr als genug, weshalb gibt es beispielsweise keine leistbare, zufriedenstellende Betreuung für alte Menschen? Weil die privat geleistete billiger ist.

Nach dem Krieg zog bei uns wöchentlich der Lumpenhändler durch die Postsiedlung. Er hatte einen kleinen, selbst gebastelten Wagen, der von einem Hund gezogen wurde. Und er rief mit markerschütternder Stimme: „Brennholz, Kartoffeln, Alteisen, Papier – der Lumpenmann ist hier!" Beim U erhob er die Stimme zu einem hohen Singsang. Oder: „Brennholz für Kartoffelschalen!" Dann kamen die Leute aus ihren Häusern, brachten Lumpen und Abfälle vom Kartoffelschälen und bekamen dafür Brennholz. Oder sie tauschten anderes Zeug. Damals funktionierte dieser Tauschkreislauf.

Gestern war ein schöner Tag. Erstens hat der Zahnarzt meine abgebrochene Krone reparieren können, dafür aber zieht er mir am Mittwoch einen Zahn. Dann ist mittags die ältere Enkelin gekommen, eine schöne Abwechslung im Tageseinerlei. Schließlich war Julius wieder mit Mutter spazieren. Abends sind wir mit ihr und allen Kindern und Enkeln in Kathis Schule gefahren und haben uns die Aufführung „Vogelhochzeit" angeschaut, in der Kathi auch singt. Mutter hat es gefallen. Anschließend sind wir zum Griechen essen und trinken gefahren, da ist ihr schlecht geworden, obwohl sie nichts essen wollte. Oder vielleicht deswegen? Nach den Rowachol-Tropfen aber ist es wieder gegangen. Auch heute ist ihr schlecht. Wir fahren wieder aufs Land, vielleicht geht es ihr dann besser.

Mutter war in der Nacht im Waldviertel sehr durcheinander. Immer wieder stand sie an meinem Bett, wir haben kaum ein Auge zugemacht. Ich nahm sie in die Arme und fragte, was los sei. Ganz klar und nachdrücklich stammelte sie: „Ich habe Angst."

Am Morgen meinte sie kryptisch: „Irgendwie muss ich ja doch ins Leichenloch rinkrabbeln." Nach ihrer großen Schwester verlangte sie, „ob die noch lebt? Und Mariechen, die schreibt auch nicht!“ Schließlich weinte sie herzzerreißend.

Später: „Es hat alles keinen Zweck, also saufen wir einen.“ So habe ich ihr ein Gläschen Rotwein eingeschenkt. „Ich sehe dich und den Chef als die Einzigen, die man kennt“, meinte sie, „ich komme ja nicht so leicht zur Freundschaft, ich bin zickig.“

Mit ihrer Schwester Helene hatte meine Mutter ein enges, aber ambivalentes Verhältnis. Leni war die Älteste der drei Kinder meiner Großmutter und dementsprechend dominant. Mutter erzählte mir oft, wie sehr ihre große Schwester sie sekkiert habe. Und meine Mutter wiederum ärgerte sie, indem sie rief: „Helene mit die krummen Beene“, da sei diese fuchsteufelswild geworden und habe ihren Frust an den kleineren Schwestern Hertha und Else ausgelassen. Das waren harte, handgreifliche Kämpfe, sagte meine Mutter.

Mein Bruder Joachim und seine Frau Milica sind vergangenen Sonntag gekommen und betreuen Mutter für eine Woche. Ich empfinde es als große Hilfe und Anerkennung für unsere Mutterpflege. Heute ist der vierte mutterlose Tag. Das ist erholsam, und sie scheint es auch gut zu packen, ebenso die Berliner. Das ist der Vorteil von einem Stadt- und einem Landquartier: Die Mutterbetreuung kann so für alle Beteiligten entflochten werden, und wir sind uns nicht gegenseitig im Weg.

Heute hat mein großer Bruder angerufen. Er fährt am Wochenende für fünf Wochen nach Kanada. Er habe Mutters Konten nun aufgearbeitet, meint er. Ob er nicht nach seiner Kanada-Reise vorbeikommen und mir alles persönlich übergeben wolle, frage ich. Unsere Mutter würde sich sicher sehr freuen, ihn zu sehen. Nein, er würde alles per Post schicken, antwortet er.

Mutter hat ihre Zähne verbummelt. Im Klo runtergespült? Im Bad liegen gelassen? Endlich habe ich sie unter ihrem Polster im Bett verbuddelt gefunden. Sie sind zu locker: Termin beim Zahnarzt nächste Woche.

Nach heftigem Streit mit meinem Mann vergangene Woche ist nun wieder Frieden eingekehrt. Das alte Problem – Weiberwirtschaft ... Wir streiten ja nicht sehr oft, und meist geht es um Belanglosigkeiten. Aber wir sind häufig gereizt. Können nur spontan nichts unternehmen, und ständig ist uns der Tod vor Augen. Ich bin im Moment auch schwer aushaltbar, mich könnte jede Kleinigkeit an die Decke bringen. Na ja, wieso sollte sich die Situation mit Mutter nicht auf unser Befinden auswirken?

Immer öfter fange ich grundlos aus dem Stand heraus an zu weinen. Es überkommt mich eine unerklärbare Trauer. Ich habe Schmerzen, bin trübsinnig. Seit Wochen lese ich in den Tagebüchern meines Vaters und versuche, mich an die Zeit zu erinnern, als ich ein junges Mädchen war. Zum Beispiel lese ich in seinen Aufzeichnungen, dass ich den Eltern Rätsel aufgebe, weil ich meine Stelle als Au-pair-Mädchen in London gewechselt hatte:

Viel Erfreuliches und Positives zeigen uns unsere Kinder bisher nicht. Meine Hoffnung, dass sie für immer hier bleibt und eine vernünftige, gut bezahlte Stelle annimmt, erfüllt sich nicht. Sie will anschließend wieder zurück nach London. Ich überlege, weshalb Bärbel nicht hier bleiben will. Was gibt's für Gründe? ... Es wird Bärbel (auch unseren anderen Kindern) niemals der Gedanke kommen, mal an Mutter, Vater zu denken. Dass wir uns heute noch mit meinen paar Groschen rumquälen müssen, um alles klar zu kriegen, daran denkt keiner. Bärbel hat bisher von uns genommen, nur genommen, geben konnte sie uns nichts. (Tagebucheintragung meines Vaters, 23.1.1962)

Vielleicht gibt es ja so etwas wie einen Himmel, von dem Vater jetzt herunterschauen und sehen kann, dass ich mich um seine Frau kümmere ...

Habe heute Nachsendeanträge für unsere Post den Sommer über ins Waldviertel gestellt. Dort werden wir in den Ferien bleiben, bis auf drei Wochen im Süden. Meine Erkundigungen über Autoreisezüge für den

Sommerurlaub waren auch erfolgreich. Schließlich habe ich mir zwei Gartengeräte und einen Fahrradkorb gekauft und ihn gleich montieren lassen. Mit ein paar neuen Sandalen möchte ich mich schon mal in Urlaubsstimmung bringen, und einkaufen fürs Abendessen war ich auch – das alles in anderthalb Stunden, während der Besuchsdienst da war. So sieht mein Alltag aus. Zum Heulen.

Mit Mutter beim Zahnarzt – vier Plomben und das Gebiss notdürftig repariert, weiterer Termin nächste Woche, weil Ersatzteile bestellt werden müssen. Wird teuer werden, der Rolls-Royce im Mund. Der Monteur der Waschmaschine war da – geht nicht zu reparieren, letztendlich ist der Programmschalter und nicht die Pumpe kaputt, trotzdem 75 Euro bezahlt. Pechtag heute.

Bei uns in Berlin-Lichterfelde war es eher dörflich. Es fuhr zwar die Elektrische, die später durch einen Bus ersetzt wurde, ins Zentrum zum Bahnhof Zoo, aber die meisten Wege machten wir zu Fuß. Dabei lernte ich viele Straßen und Häuser kennen. Jedes Mal, wenn ich bei dem Zahnarzt Dr. Lücke vorbeikam, schwor ich mir, niemals dorthin zu gehen. In die Schule brauchte ich zu Fuß eine dreiviertel Stunde. Im Winter, wenn der Ostwind wehte, war das eine bitterkalte Angelegenheit. Manchmal blieb ich an einem Laternenpfahl stehen, streckte meine Zunge an das eisige Metall und die Zungenspitze blieb kleben. Das war immer mit einem kleinen Schauer verbunden.

Es ist also durchgestanden, heute bekam ich den endgültigen Beschluss über meine Sachwalterschaft in allen Angelegenheiten, die meine Mutter betreffen. Das war sehr berührend: Sie bekam es irgendwie mit und hat mich mittags gefragt: „Sag mal, was war denn heute, soll ich wieder weggebracht werden?“ Ich habe sie beschwichtigt und ihr noch einmal genau erklärt, was diese Sachwalterschaft bedeutet – medizinisch und ihre Finanzen betreffend. Da fing sie plötzlich sehr zum Weinen an und erkundigte sich, ob es Streit zu Hause gegeben habe oder ob alles friedlich verlaufen sei. Ich konnte sie beruhigen, dass niemand gestritten habe und es lediglich heißt, dass ich nun in all ihren Angelegenheiten verantwortlich und sorgepflichtig für sie bin. Da fiel sie mir um den Hals und konnte sich nicht oft genug bedanken.

Eigentlich sind wir Kinder kaum von unseren Eltern geschlagen worden. Nur an das eine Mal kann ich mich sehr deutlich erinnern, das war kurz nach dem Krieg und das Essen war knapp. Mein Vater hatte sechs Äpfel – für jedes Familienmitglied einen – nach Hause gebracht. Die lagen oben in der weißen Küchenkredenz. Als mein Vater sie zum Verzehren herausnehmen wollte, fehlte ein Apfel. Bärbel hat ihn gegessen, wurde gesagt. Ich beteuerte, es nicht getan zu haben, alles verzweifelte Schwören half nicht, mein Vater legte mich übers Knie und verdrosch mich mit der gummibeschichteten Schnur des Bügeleisens. Er behauptete, ich würde ja öfter schwindeln, er glaubte mir nicht. Später fand sich der fehlende Apfel unten im Kastl, wahrscheinlich ein Scherz von einem meiner Geschwister. Ich dachte, meine Eltern würden sich nun entschuldigen, aber meine Mutter sagte: „Dann hast du deine Tracht Prügel schon für das nächste Mal bekommen." Ich war bitter enttäuscht und bin seither empfindlich, wenn mir etwas Falsches nachgesagt wird.

Wieder mit Mutter beim Zahnarzt. Kaum sieht sie ihn, jammert sie lauthals los, ohne dass er schon etwas getan hat. Nun ist alles erledigt, bis auf ein paar Plomben, Rechnung kommt im Juli. Er hat neue Ersatzteile für ihre Prothese einbauen müssen. Telefonat mit der Telekom in Düsseldorf, Mutters Lohnsteuerkarte wurde nicht abgegeben, die ist noch irgendwo in Berlin, weshalb sie in der höchsten Steuerklasse veranlagt ist. Heute sagte Mutti: „Mein Ohr bimmelt, das werden wohl die von zu Hause sein." Immer wieder kommt ihr Heimweh nach Zehlendorf oder Lichterfelde durch. Aber sie ist sehr geduldig. Nachmittags war sie ziemlich verwirrt, hat gedanklich nichts zusammengebracht. „Irgendwer hat mich da rausgeholt", sagt sie, „Großmutter war manchmal grob zu den Kindern." Oder: „Da hat mich wer weggebuchtet, wer war das nur, da kannst du mal sehen, was für eine blöde, dumme Ziege ich bin, am besten, ich hänge mich auf, ich vergesse alles, das ist nicht schön." Sie will mir immerzu etwas sagen, aber sie kann es nicht ausdrücken und ringt um jedes einzelne Wort.

Mutter erzählte mir einmal, dass sie als Kind von ihrer Mutter, meiner Oma, weglief und bei ihrer Tante Mariechen in Berlin-Zehlendorf Zuflucht suchte. Warum, konnte sie nicht sagen, „wahrscheinlich war ich schlimm", meinte sie. Tante Mariechen hätte sie dann eine Zeitlang betreut. Noch heute sehe ich meine Oma, diese füllige Frau, wie sie bei den Kutzners den Boden wienerte, indem sie sich Bürsten unter die Schuhe schnallte und wie beim Schlittschuh fahren über den Boden schlitterte. Mich versteckte sie hinter einem langen, roten Samtvorhang, falls die Herrschaft vorzeitig heimkäme.

Mit den neuen Sandalen haben wir einen langen Spaziergang durch den Botanischen Garten gemacht, sie laufen wie von allein. Nun liegt Mutter abgespannt und schwitzend, aber glücklich, in ihrem Sessel. Wenn sie so erschöpft ist und diese Schlagseite nach rechts beim Gehen bekommt, frage ich mich manchmal, ob das vielleicht ein leichter Schlaganfall sein könnte. Und ich denke an ihr Ende.

Am Land. Es ist Sommer, warm, die Frösche quaken. Die Nächte sind lau, man sieht einen herrlichen Sternenhimmel. Vorgestern war Vollmond. Im Gegensatz zur Stadt sieht man hier im Waldviertel das weite Himmelszelt und eine Milchstraße, so hell, als habe jemand eine Milchkanne dort oben über den Himmel geschüttet. Mein Vater hat mir oft von den Sternen erzählt, die Venus, sagte er, die ist so unnahbar und kalt wie manche Frauen.

Ich kann nicht schlafen. Mutter ist im Nebenzimmer, raschelt, und ich höre, wie sie auf die Toilette geht. Ich gehe ihr nach, hülle sie in den Bademantel, ziehe ihr Socken an und gehe mit ihr nach draußen in den Garten. Ich umfasse sie von hinten, halte sie fest, damit ihr nicht schwindelig wird. Und sie schaut und schaut und schaut. Zeigt in den Sternenhimmel und sagt: „Ist das schön! Mannohmann!" Lange stehen wir so in der warmen Sommernacht und hängen unseren Gedanken nach.

Ich erinnere mich, dass meine Mutter mit uns Kindern oft gesungen hat. Alle Kinderlieder kann ich noch heute: „Suse, liebe Suse, was raschelt im Stroh ..." „Weißt du wie viel Sternlein stehehen ..." „Ihin einem kleinen

Apfel, daha sieht es lustig aus ...“ Ich habe diese Lieder an meine Enkelkinder weitergegeben. Und ich höre noch heute, dass meine Mutter eigentlich ganz unmusikalisch war, die Melodie oft nicht halten konnte und während des Singens ein- und ausatmete, ohne Pause. Es hörte sich lustig an, wenn sie einatmete und gleichzeitig sang, meine Schwester und ich äfften das später oft nach.

In den vergangenen Wochen hat sich einiges getan. Erst einmal waren wir im Juli 14 Tage auf dem Land und haben Mutters 92. Geburtstag mit Schwester und Schwager aus Bonn und allen Kindern, Enkeln und Freunden im Bauernhaus gefeiert. „Rudi Ratlos“, sagt unser Bauernhausmitbewohner Gerhard zu meiner Mutter, weil sie so ganz und gar hilflos ihre Geschenke anschaut und hin und her dreht. „Willste kosten“, fragt sie schließlich unsicher und schiebt ihm das Fläschchen mit der Körperlotion zu.

Dann sind wir mit Tochter und Enkelkindern ab in den Süden gesaust – für drei Wochen! Unser erster längerer Urlaub seit sechs Jahren! –, während Chris und ihr Mann Hermann Mutter betreut haben. Es hat alles wunderbar funktioniert. Chris erzählte lustige Sachen: Sie habe Mutter kichern hören und sie auf dem Klo gefunden, auf dem sie im Reitersitz verkehrt herum, mit den Händen den Klodeckel haltend, saß und sagte: „Is vielleicht wat fürn Jungschnabel.“ Sie hätten beide herzhaft gelacht, und Mutti habe zu meiner Schwester gemeint: „Wir sind doch noch ein schönes Paar.“

Gut erholt und braungebrannt kamen wir Anfang August zurück ins Waldviertel. Dort erwartete uns eine zufriedene Mutter. Chris und Hermann mussten umgehend wieder zurück nach Bonn.

Den Rest der Ferien blieben wir im Waldviertel. Das war dann ziemlich mühsam, weil Mutter so unruhig ist. Immerzu will sie aufstehen, stolpert durch den Garten, ich habe Angst, dass sie niederfällt. Aber ich kann sie ja schließlich nicht anbinden. Ich habe lange Spaziergänge mit ihr unternommen, damit sie abends müde ist und wir nachts schlafen können, doch das nützt nichts, sie wandert in der Nacht trotzdem durch die Gegend, steht wie ein Gespenst vor meinem Bett und sagt: „Da bin ich.“

Mir wird bewusst, wie schnell Mutter in den vergangenen Jahren abgebaut hat. Noch vor zwei Jahren, als sie ihren Sommerurlaub bei uns verbrachte, bin ich mit ihr den langen Weg auf den Buchberg gegangen.

Zurück sind wir durch ein richtiges Gebüsch, einen grünen Dschungel aus Hollerstauden und Lianen gestapft, wie in einem grossen Urwald, ihr hatte es sehr gefallen. Ich sehe noch heute ihr abenteuerlich-waches Gesicht vor mir.

Mein Vater trank gerne ein Bier zuviel. Da hackten dann alle, die Mutter, die Oma, die Tanten, auf ihm herum. Der alte Suffkopp, hieß es, meine Mutter bekam ihr eingefrorenes Gesicht und drehte ihm den Rücken zu, wenn er in angeheitertem Zustand versöhnlich werden wollte. Meine Mutter schaffte es, tagelang beleidigt zu sein und meinen Vater durch Nichtachtung zu strafen. Und er: „Ach Frauchen, ach Muttilein“, und sie: „Hau ab, lass mich.“

Wie dieses Leben unserer Ehe bekommt, wage ich gar nicht zu denken. Wir sind ein „funktionierendes Paar“, das heißt, wir erfüllen unsere Verpflichtungen in der Betreuung. Aber wir selber kommen dabei eindeutig zu kurz. Alles dreht sich um Mutter, und abends sind wir so erschöpft, dass wir vor dem Fernseher hocken in der Hoffnung, Mutter kommt nicht wieder aus ihrem Zimmer angeschlurft. Zwar hat uns der Urlaub gut getan, da war nach langer Zeit wieder so etwas wie Spontaneität möglich, Zärtlichkeit, Ausgelassenheit, es war wunderschön, wieder einmal frei atmen zu können, aber kaum zu Hause, verfliegt die Leichtigkeit, die wir in der Toskana gespürt haben.

Seit gestern sind wir wieder in Wien. Ich habe alle Briefe und den Papierkram bezüglich Mutters Finanzen erledigt: Kopien über ihre Einkünfte aus Renten- und Pensionsversicherung, Pflegegeld, Sparbuch usw. gemacht und an alle Geschwister samt Gerichtsbeschluss weitergeleitet. Zur endgültigen Erledigung warte ich jetzt nur mehr auf ihr Wiener Konto mit BIC und IBAN-Nummern, damit die Zahlungen hierher überwiesen werden können. Ich möchte das alles endlich hinter mir haben.

Wir wohnten in einer Postsiedlung, das waren Häuser, die an die Mitarbeiter der Post vermietet wurden. Dort oben in der Mansardenwohnung mit den schrägen Wänden fühlte ich mich sehr wohl. Am schönsten war es, wenn die Linden, welche die Straße säumten, zu blühen begannen. Dieser Duft! Wir hatten kein Bad und keine Dusche, wir wuschen uns am Waschbecken mit kaltem Wasser. Wenn meine Schwester und ich uns die langen Haare spülten, schütteten wir uns gegenseitig mit einem Krug das Wasser, das auf dem Herd gewärmt werden musste, über den Kopf. Meine Mutter lehnte es ab, Badewanne und Warmwasser einleiten zu lassen aus Angst, das käme zu teuer.

Die verschiedenen Banken verlangen gerichtliche Erklärungen und Formulare, die ich ausfüllen muss; für die Postbeamtenkrankenkasse ist viel Bürokratenzeugs zu erledigen, sie weigert sich, das Pflegegeld auf Mutters Wiener Konto zu überweisen, sodass ich in Deutschland, in München, ein Konto für sie führen muss.

„Leider müssen wir Ihnen mitteilen, dass eine Zahlung auf ein Auslandskonto generell nicht möglich ist. Wir bitten Sie deshalb weiterhin ein Konto für Ihre Mutter hier zu führen", schreiben sie. Obwohl ich als Sachwalterin meiner Mutter halbjährlich von einem Arzt bestätigen lassen muss, dass ich sie nicht zu Tode gepflegt habe, wird das Geld für meine Leistung nicht hierher überwiesen. Die Überweisung eines Geldbetrages auf ein Auslandskonto kostet 4,50 Euro und die Kontoführung bei einer deutschen Bank kostet monatlich 5,90 Euro, wenn im Monat weniger als 1.000 Euro auf das Konto gehen. Was der Fall ist, denn meine private soziale Dienstleistung rund um die Uhr wird mit monatlich 410 Euro von der deutschen Pflegeversicherung weitaus schlechter entlohnt als die einer slowakischen Krankenschwester. Die gepriesenen EU-Freiheiten sind also Schall und Rauch.

So bleibt für mich zum Schluss die Frage: Wie machen das die Großen bloß? Wenn in einer neoliberalen Goldgräberstimmung in Sekundenschnelle Milliarden Dollar oder Euro oder Yen um den Erdball gejagt werden, um grenzenlos abzucashen ...

Oftmals saß mein Vater in unserer Dachmansardenwohnung auf dem Sofa und hörte sich seine Schallplatten an: Alle Beethoven-Symphonien, Schuberts „Schöne Müllerin", Mahler, Brahms und Haydn, Max Bruch, Klassik quer durch die Bank. Erstaunlich, dass seine Mutter, Putzfrau und Kriegerwitwe, ihm ermöglichte, als Bub Geige zu spielen.

Da saß er dann mit halb geschlossenen Augen, die Bierflasche auf dem Tisch, und dirigierte seinen Fischer-Diskau. Mutter war wütend, weil er den Ton so laut aufdrehte – sie drehte leiser, er lauter, so ging das hin und her. Noch heute besitze ich einen Teil seiner Plattensammlung, und bei jedem im Bierrausch verursachten Kratzer muss ich an ihn denken.

Wenn Mutter nachmittags traurig wird, gelingt es Julius immer wieder, sie aufzumuntern. „Du bist ein schlimmes Mädi", sagt er, „du schaust immer den Jungen nach." Mutti: „Na wem denn?" Julius: „Na mir." Mutti: „Ach, da krieg ich aber gleich einen Schlaganfall." Dann lacht sie. Oder ich sage zu ihr: „Bleib ein braves Mädchen." Und sie: „Ach, wie langweilig ..."

Immer wieder zähle ich ihr vor, wie viel Rente sie bekommt, zeige ihr die Kontoauszüge, mit denen sie aber nichts anfangen kann, doch es beruhigt sie, wenn ich sage, dass ihr Mann so gut vorgesorgt hat für sie: „Da danke ich ihm – und dir." Es erleichtert sie auch, wenn ich ihr sage, dass ich jetzt ihre Finanzen regele. „Das ist gut. Da machen wir einen flott!"

Vor ein paar Tagen haben wir ihr einen neuen Fernseher für ihr Zimmer gekauft, an dem sie die Kopfhörer anschließen kann. Wir haben auch einen Telekabelanschluss legen lassen, und ich denke, dass sie künftig vielleicht öfter in ihrem Zimmer sitzen und ein wenig Abwechslung haben wird – und wir ein wenig Abstand zu ihr.

So langsam wird es Herbst. Die Bäume verlieren ihre Blätter und es ist Kälte angesagt. Mutter ist nun schon eineinviertel Jahr bei uns.

Heute hat Mutter eine spitze Nase, schlecht ist ihr, der Blutdruck ist hoch, sie spürt das Wetter. Wir wollen aufs Land fahren, mal sehen, ob es ihr mittags besser geht. Draußen erholt sie sich immer ganz gut in solchen Situationen.

Diese Arsch-Krankenkasse unserer Mutter: Wieder ist eine Rechnung zurückgekommen, weil sie mit verschiedenen medizinischen Begriffen nichts anfangen können, diese total bekloppten Bürokraten-Idioten. Über

600 Euro Zahnarztkosten, die wir schon im Juli bezahlt haben, sind noch ausständig. Zahlen die auch Verzugszinsen? Ich werde denen schreiben, sie sollen doch bitte einen Katalog zusammenstellen, was sie an medizinischen Bezeichnungen akzeptieren. Das nennt sich nun EU! Mutters Postbeamtenkrankenkasse geht mir gehörig auf die Nerven – nicht nur, dass sie das Pflegegeld nur auf ein deutsches Konto überweisen, auch die Rechnungen, die wir zuerst auslegen und bei denen einreichen müssen, kommen zur Hälfte wieder zurück und ich kann zum Arzt oder zum Spital latschen, um sie spezifizieren zu lassen. Hab ja nichts anderes zu tun mit einer verwirrten Mutter, die man einfach nicht allein lassen kann, deren Betreuung organisiert werden muss und die teuer ist. Schon nach ihrem Krankenhausaufenthalt letztes Jahr, als alles noch von Berlin aus geregelt wurde, hab ich zigmal ins Krankenhaus rennen können, um die Rechnungen aus dem Archiv ausheben zu lassen, weil die deutsche Krankenkasse die Bezeichnungen der Behandlung nicht akzeptiert hat. Und auch dann haben wir nur einen Teil davon ersetzt bekommen.

Meine Mutter hatte „eine lockere Hand", wie sie das nannte. Wir bekamen öfter mal einen „Katzenkopf" und die Drohung zu hören, „wartet, bis Vati kommt". Der war meist zu müde, wenn er von der Arbeit heimkam, also hat Mutti sich etwas anderes einfallen lassen, wenn sie mit ihren vier Kindern nicht fertig wurde: Sie hat uns alle der Reihe nach übers Knie gelegt, egal, wer Schuld an einem Streit hatte. So zumindest hat sie es uns Jahre später erzählt, erinnern kann ich mich, im Gegensatz zu meiner Schwester, nicht wirklich an eine solche Ungerechtigkeit.

Für den 28. Oktober habe ich eine Ladung vom Gericht bekommen, ich soll den Antrittsbericht zur Sachwalterschaft vorlegen. Ich führe ein Rechnungsbuch über alle Einkünfte und Ausgaben, das muss ich dann vorlegen.

Julius ist wieder mit Mutter unterwegs, der Gute. Ich war zum Röntgen. Katja kommt abends zum Omahüten und wir gehen ins Kino, Mittwoch ist.

In Berlin durften wir ab und zu ins Kino gehen. Der „Kintopp", wie mein Vater immer sagte, hieß „Der Spiegel". Damals malten Künstler die

Plakate noch mit der Hand, um die neuen Filme anzukündigen. Die hingen dann groß und bunt und verführerisch über dem „Kintopp"-Portal. Meine Schwester und ich sahen dort „Quax, der Bruchpilot" mit Heinz Rühmann, oder „Ben Hur". Zwischen „Fox tönende Wochenschau" und dem Hauptfilm ging ein Mädchen mit einem Bauchladen durch die Reihen und verkaufte Eis und Konfekt. Die Kinoreklame „Mach dir ein paar schöne Stunden und geh ins Kino" verstanden wir absichtlich falsch: „Mach dir ein paar schöne Stullen und geh ins Kino."

Manchmal ist es zum Verzweifeln: Nichts kann Mutter zufrieden machen, sie will am liebsten, dass ich den ganzen Tag neben ihr sitze und ihr ins Ohr schreie. Sie stöhnt und ruft „ach Else, ach Else", dabei bin ich neben ihr in der Küche und koche das Abendessen. Sie hat so einen vorwurfsvollen Blick, herunterhängende Mundwinkel, das geht heute schon den ganzen Tag so. „Schmeiß mich raus", sagt sie. Dann wieder: „Wo muss ich denn heute hin?" und „Jetzt werde ich mal nach Hause gehen."

Ich puzzle den ganzen Tag um sie herum, es macht mir Angst, dass ich total verblöde. Denn etwas schreiben oder arbeiten kann ich nicht, ich komme gerade einmal dazu, die bescheuerten Finanzgeschichten fürs Gericht zu machen. Dann aber kommt schon Mutters Klagen aus ihrem Sessel, ihr Stöhnen ...

Jetzt kommt sie – wieder ohne Stock! – aus ihrem Zimmer angetrappelt und schaut mich mit vorwurfsvollem Blick an. Am schlimmsten ist ihre Unzufriedenheit, die ich nicht ändern kann und mit der sie ja auch nicht mich meint. Aber ich tue und mache – sie ist unzufrieden – „man hat mich hier abgestellt". Hat sie ja Recht.

Ich erkläre ihr, dass ich nicht den ganzen Tag usw., dass ihre Unzufriedenheit nervig ist, dass man ihr nichts recht machen könne ... Sie schaut mich mit einem sehr entfernten Blick an. „Alle schimpfen mit mir", sagt sie. Ach Mensch, die Tränen kommen mir, sie kann ja nichts dafür, ich küsse sie auf die Stirn und sie lächelt. Oh Gott, diese schreckliche Verlorenheit!

Eben ist die Frau Rechtsanwältin aus unserem Haus mit Muttern abgerauscht, sie kümmert sich regelmäßig einmal die Woche drei Stunden um sie. Welch eine Erleichterung! Sie hat den Bericht fürs Gericht gelesen und gemeint, er sei ausgezeichnet, ich soll nichts mehr ändern, so einen genauen Bericht hätten die noch nie zu Gesicht bekommen. Sie als Anwältin wird es beurteilen können, sie ist ja selbst Sachwalterin und hat Erfahrung damit. Julius hat viel an der Akademie zu tun, von morgens bis abends ist er im Einsatz.

Die Kinder freuen sich so sehr auf Vati. Wenn ich Bärbel frage, was machst du, wenn Vati kommt, weinst du dann? Sagt sie: Vati lieb und Küsschen. Das kleine Ding kennt Dich nicht, aber sie betet jeden Abend, dass Vati gesund nach Hause kommt. Bärbel sagt immer, sie ist Vatis Kleine und Muttis Süße. Ich glaube doch, sie wird Dir gegenüber nicht so schüchtern sein. Sie wird Dir bestimmt gefallen. Sie hat sich jetzt von ihrer Krankheit erholt. Bärbel wächst, hat zwei kleine Rattenschwänzchen mit großen Schleifen und sieht gut aus: dicke Backen, kleines Bäuchlein, ich bin so froh, dass sie alles gut überstanden hat. (Aus einem Brief meiner Mutter an meinen Vater in das Internierungslager Münster/ Hannover, 27. 11. 1945)

Heute ist Mutti gut aufgelegt – in der Früh gründliches Duschbad, Haare waschen usw., mittags sind wir drüben im Schweizer Garten spazieren gegangen, der Kastanienreis hat ihr mit einem Achtel Schilchersturm gut geschmeckt. Jetzt schläft sie in ihrem Sessel. Wenn die Sonne am Balkon ist, werden wir den wohl letzten warmen Sonnentag in diesem Jahr dort verbringen.

Meine Hüfte macht mir wieder zu schaffen, es sticht und tut weh trotz regelmäßiger Gymnastik und ständigem Schmerzmittelschlucken. Es wird wohl Zeit, dass ich operieren gehe, denn ich schlafe seit über zwei Jahren keine Nacht mehr richtig.

Wenn ich nachts wach liege, gehen mir alle möglichen Todesgedanken durch den Kopf – was ist, wenn Mutter stirbt. Oder Julius. Oder ich. Das sind einsame Gedanken und mir wird immer mehr die Endlichkeit bewusst. Dann denke ich, dass ich das Schöne, das es gibt, voll bewusst sehen und genießen muss: die Enkelkinder, unsere Beziehung, unsere Kinder, Muttis Anwesenheit, die ja auch immer wieder lustig ist, das Waldviertel und die Menschen, mit denen wir befreundet sind.

Wenn ich dann morgens die Nachrichten höre, geht mir dieser Optimismus wieder verloren, ich könnte verzweifeln über die Selbstverständlichkeit, mit der gemordet, abgeschlachtet wird im Irak, in Afghanistan, Afrika, Lateinamerika, praktisch überall auf der Welt.

ᘓ.ᘐ

Am Freitag kommt aus München ein Arzt der Postbeamtenkrankenkasse angereist, der Mutters Zustand begutachten will. Ich hatte um eine höhere Pflegestufe angesucht. Mal sehen, wie das wird.

Heute Nachmittag habe ich Mutter vorgelesen, was sie an ihren Mann ins Gefangenenlager bei Hannover geschrieben hat:

Am 26. 4. waren dann morgens die Russen da, es ging alles gut, bis sie mittags in Steinecks Wohnung Waffen und Munition fanden. Da sollte das ganze Haus erst erschossen werden. Abends ging dann der Tanz los, sie holten sich die Frauen. Leni und ich hatten Glück, wir hatten die Kinder, die waren unsere Beschützer. Namentlich der Peter hat mich beschützt, er saß mir Tag und Nacht auf dem Schoß. Weißt Du, man kann es nicht erzählen und nicht schreiben, wie furchtbar alles war. (Aus einem Brief meiner Mutter an meinen Vater in das Internierungslager Münster/Hannover, 22. 11. 1945)

Als ich diese Passage ihres Briefes vorlese, nickt sie aufmerksam zu jedem Satz, und plötzlich weint sie bitterlich. Hat sie also doch ein Erinnerungsvermögen und es ist nur zugeschüttet?

ᘓ.ᘐ

Habe heute meinen OP-Termin bekommen: Donnerstag, 13. Januar Aufnahme, Freitag, 14. Januar OP. Alles auf Kassenkosten, Rehab kann ich gleich anschließend machen. Meine Schwester und mein kleiner Bruder werden sich Urlaub nehmen, um mich in dieser Zeit in der Mutterpflege zu vertreten.

Nun war er also heute da, der Herr Doktor aus München, um Mutters Pflegestufe zu begutachten. Er ist gleich einmal mit seiner ganzen Familie gekommen, die unten im Auto gewartet hat. Dieser Arzt ist wohl selber sehr krank, jedenfalls ist er so dick, dass er nur seitlich in den Fahrstuhl gepasst hat. Dann hat er sich auf das Sofa im Wohnzimmer gelegt, weil er vor Korpulenz nicht aufrecht sitzen konnte. Aus dieser Perspektive beäugte er Mutter, vertiefte sich in das Gutachten, das der Neurologe für die Sachwalterschaft angefertigt hatte, runzelte die Stirn, brabbelte etwas vor sich hin, ließ mich mit Mutter, die sich auf ihren Krückstock gestützt hat, ein paar Schritte hin und her gehen, sagte dann zu mir: „Könnte ich Sie in der Küche alleine sprechen?"

Dort meinte er, Mutter hätte eventuell einen leichten Schlaganfall gehabt, weil sie so schief geht. Ich sagte ihm, sie habe eine Rückgratverkrümmung, daher der schiefe Gang. Dann erklärte er mir, dass sich die Pflegegeldeinstufung danach richte, welche Handgriffe vom Patienten nicht mehr selbstständig gemacht werden können. Zum Beispiel Löffel zum Mund führen, auf die Toilette gehen usw. „Ihre Mutter kann aber noch vieles alleine machen", urteilte er. „Aber sie ist so durcheinander, dass ich sie nicht alleine lassen kann, dass ich sie Tag und Nacht betreuen muss", meinte ich. Er zuckte mit den Schultern, füllte sein Formular aus und schleppte sich schweren Körpers die Stiege hinunter zu seiner im Auto wartenden Familie.

Als ich wieder ins Wohnzimmer kam, meinte Julius, unsere Mutter habe dem schwergewichtigen Arzt mitleidig nachgeschaut und gesagt: „Der arme Mann, der kann ja kaum gehen." So ist das, wenn ein Blinder und ein Lahmer zusammenkommen.

Mit einer höheren Pflegegeldstufe wird es nichts werden, da muss jemand schon mit einem Bein im Grab sein. Psychische Betreuung wird gar nicht gewertet, nur das Pflegerische: wie oft im Bett umlagern, wie oft füttern, wie oft Hinternauswischen.

Es sind ja nicht die kleinen komischen Verwechslungen, die einem demenzkranken Menschen und den betreuenden Personen das Leben so schwer machen, sondern es ist die mit der Zeit immer intensivere Betreuungsdichte und die mangelnde Hilfe, die den Angehörigen zuteil wird. Da der Grad körperlicher Versehrtheit ausschlaggebend ist für die Pflegegeldeinstufung, weniger jedoch die geistige Beeinträchtigung, ist es für Angehörige oft eine Geldfrage, Dienstleistungen für die Betreuung in Anspruch zu nehmen.

Das tayloristische Verständnis von Pflege zählt die Handgriffe, die noch selbstständig vom Patienten gemacht werden können, und nicht das Zusammenspiel von Hand- und Kopfarbeit. Kann sich noch jemand selber den Hintern auswischen, ist er kein Pflegefall mit Anspruch auf Pflegegeld, auch wenn er nicht weiß, wo das Klo zu finden ist. In unserem Fall heißt das: Die Pflege rund um die Uhr wird mit 410 Euro Pflegegeld abgegolten.

Wir wohnten im amerikanisch besetzten Teil Berlins, gegenüber der US-Kaserne in Berlin-Lichterfelde. Mein Schulweg in die Kommandantenstraße führte an den Baderäumen der GIs vorbei. Dort gab es einen Soldaten, der regelmäßig vor uns Schulkindern am offenen Fenster onanierte. Wir schauten schnell weg und schämten uns. Wir haben mit niemandem darüber geredet, auch nicht untereinander.

Heute war ich beim Gericht, um den Antrittsbericht für meine Sachwalterschaft abzuliefern. Es ist alles gut gelaufen. Folgende Infos habe ich an meine Geschwister geschickt:

„Hallo Geschwister, heute habe ich beim Wiener Gericht meinen Antrittsbericht als Muttis Sachwalterin vorgelegt. Diesen Bericht hatte ich euch ja schon im Vorhinein zugeschickt und ich nehme an, ihr seid einverstanden damit, weil von niemandem Einwände kamen. Hier noch einmal die aktuellen Kontostände zu eurer Information ..."

Es folgen Einnahmen, Ausgaben, Kontostände etc.

„Die Rechtspflegerin hat meinen Bericht genehmigt und für gut befunden, die durchdachte Betreuung von Mutti gelobt und folgende Vorgehensweise festgelegt:

Über Mutters Einkünfte und Ausgaben muss ich keine Rechnung legen, sondern ich kann frei darüber verfügen, die von mir veranschlagten Pauschalen sind genehmigt. Nur größere Ausgaben muss ich nachweisen. Ebenso kann ich über das Sparbuch mit dem Abschöpfungsauftrag frei verfügen. Die zwei Prämiensparbücher sind gesperrt, sollten größere Ausgaben anfallen (etwa behindertengerechter Wohnungsumbau etc.), muss ich bei Gericht einen Freistellungsantrag dafür stellen. Ich selbst werde so alle ein bis zwei Jahre vom Gericht vorgeladen, um Rechenschaft über Mutters Vermögen abzulegen.

Das wär's für heute, und ich bin froh, dass ich nicht mehr wie bisher das olle Kassabuch führen muss. Diese Information ergeht an alle Geschwister.

Es grüßt euch Schwester Bärbel und eure Mutter (die gerade wieder mit Julius auf Autospazierfahrt plus Kaffeehausbesuch ist)."

Ich habe nachts von meinem großen Bruder geträumt, er sei zu Besuch gekommen und ich war glücklich, dass er nun doch einmal vorbeigeschaut hat. Wunschträume.

Seit Freitag sind wir auf dem Land. Heute geht es Mutter nicht gut, ihr ist schlecht, schwindelig. Sie wirkt ganz weit weg, hat fast den ganzen Tag geschlafen, aber dann nachmittags gut gegessen: Schweinebraten, Kartoffeln, Kohlsprossen. Aber sie beklagt sich über zu geringe Aufmerksamkeit – „ich sitze hier rum", sagt sie und zieht einen Flunsch.

Vorgestern dagegen hat sie beim Essen, zu dem uns die Kinder eingeladen hatten, die ganze Runde unterhalten, geschäkert und Witzchen gerissen: Die Gudrun möchte sie nicht mit auf die Spazierfahrt nehmen, „weil die immer so viel isst". Zur Susi, Anjas Freundin, dann: „Die Kleene kiekt nich her, na komm, guck mich doch mal an." Dem Julius hat sie anzügliche Liebeserklärungen geschickt, „nicht wahr, mein Kleiner, du kommst mit in mein Bett", und den Erwin mag sie auch, der ist ja schließlich ein Mann ...

Sophi und Tati haben Mutter etwas vorgetanzt, sie ist ganz begeistert und schaut mit glänzenden Augen zu – „was die können", sagt sie. Und wirklich, die Mädchen tanzen wunderbar.

Lieber Vati! Wie viel ich wiege, weiß ich nicht, aber dicker geworden bin ich nicht, dazu schlampern mir die Kleider doch zu sehr um den Körper. Ich habe noch alle Sachen von uns aus Altranft hergeholt. Also wenn Du nach Hause kommst, kannst Du Dich anhübschen. Nur Dein schöner Sommermantel ist geklaut worden und etwas Unterwäsche und ein paar Oberhemden bist Du losgeworden. Aber es reicht immer noch zum Feinmachen. Auf Dein Soldatenzeug warten wir schon, Peter braucht einen neuen Anzug. Leni hat ihm aus einem alten, verdreckten und verstockten Soldatenmantel einen wunderhübschen Seppelanzug gemacht, wir sind ganz stolz darauf. (Aus einem Brief meiner Mutter an meinen Vater in das Internierungslager Münster/Hannover, 3. 12. 1945)

ꟿ.ꟿ

Wieder in Wien, wieder ein langer „Muttertag“, abends kommt Katja, und wir sind bei Freunden eingeladen. Ich lebe wie ein Einsiedlerkrebs, kriege nichts mehr von draußen mit, nur über Radio und Fernsehen oder über Julius und den Besuch. Es ruft auch, außer den Kindern, kaum jemand an, ich habe keine Funktion, keine Wichtigkeit mehr. Es ist ja auch eine Einbahnstraße, ich kann nirgendwo hingehen und lehne alles ab, was mir angetragen wird, weil ich immer eine Betreuung für Mutter organisieren müsste. Mein Hauptbezugspunkt ist sie, und das ist ja nicht interessant für andere. Ich kann mir vorstellen, wie es ist, als alter Mensch total zu vereinsamen.

ꟿ.ꟿ

In acht Wochen soll ich also schon operiert sein. Je näher der Tag rückt, desto weniger tut mir weh. Auch schlafe ich neuerdings nachts ziemlich gut. Gestern bin ich lange gegangen, kaum Schmerzen, was mag das bedeuten?

Es ist schon ein Glück, dass es mit meiner Operation anscheinend problemlos ablaufen wird: Meine beiden Geschwister werden Mutter jeweils zweieinhalb, insgesamt also fünf Wochen betreuen, während ich im Spital und auf Rehabilitation bin. Sie haben sich Urlaub genommen. Dass ich es so genau planen kann, ist nicht selbstverständlich, denn normalerweise kann man sich den OP-Termin nicht aussuchen. Aber da Anja den Arzt kennt, der mich für 100 Euro in seiner Privatpraxis untersucht hat und im Spital auf Kassenkosten operiert, ließ sich alles gut und rechtzeitig organisieren.

Vorgestern haben wir Mutter in ihrem Zimmer morgens am Boden liegend vorgefunden, Strumpfhose und Pullover angezogen, aber keine Unterhose. Sie muss gestürzt sein, hat sich aber nichts wehgetan, die Hüfte schmerzte ein bissel am nächsten Tag. Zwei Tage lang habe ich ihre Hausschuhe gesucht, sie lagen in ihrem Bett am Fußende unter der Matratze. Als wir am Montag vom Land nach Hause gekommen sind, hat sie strahlend gesagt: „Also dass ich das noch mal erlebe, dass ich wieder hier zum Sitzen komme.“
Heute hat sie, aufgeschreckt aus einem kurzen Schlaf in ihrem Sessel,

ganz besorgt gefragt: „Haste dir denn auch was zum Essen jemacht?"

Jeden Nachmittag will sie aufbrechen – nach Zehlendorf oder Lichterfelde. „Wird Zeit, dass ich nach Hause komme", sagt sie regelmäßig.

ꕥ

Auf dem Land hat uns eine wunderschöne Schneelandschaft erwartet, wir haben lange Spaziergänge gemacht. Freunde waren am Sonntag zu Besuch, wir haben köstlich gegessen. Mutter geht nachts unruhig in der Wohnung umher, mindestens fünfmal brachte ich sie wieder zu Bett. Auf die Kinder ist sie manchmal eifersüchtig, zu Tati sagt sie dann „alte Nebelkrähe", Kathi schubst sie weg, wenn die ihr ein Busserl geben möchte. „Geh weg", da ist sie ganz unleidlich. „Halb sechs", rief sie gestern Abend, „Mensch, da müssen wir ja bald die Sause antreten!" Und zu den Hausschuhen sagt sie: „Die Pantoffeln von Muttern, die Lüsternen." Irgendwie merkt sie doch, wie durcheinander ihr Kopf ist: „Mit mir ist nichts mehr los, weg damit. Ich komme mir vor wie ein verlorener Vogel."

ꕥ

Der helle Mond nachts und das windige Wetter tagsüber machen Mutter zu schaffen. Sie ist unruhig, ihr ist schlecht, sie zittert, und jedes Mal denke ich, ob es wohl dem Ende zugeht. Sie bekommt dann einen ganz entrückten Blick, will immerzu aufstehen und zuckt die Achseln, wenn ich sie frage, wo sie denn hin will. „Nach Hause", sagt sie, und ich weiß nicht, ob das nicht eine Metapher fürs Sterben ist. Sie ist sehr tapfer, aber dennoch geht es mir manchmal ziemlich auf die Nerven, wenn sie so unwirsch ist: „Ich sitze hier nur rum, irgendwer hat mich hier abgesetzt, ich weiß nicht, was ich machen soll." Sie hängt sich sehr an mich. „Gott sei Dank", sagt sie, wenn sie mich sieht und fällt dabei fast um vor Erleichterung, „wo warst denn du?" Abends, wenn sie im warmen Bett liegt, ist sie sehr dankbar.

Als wir nach dem Krieg noch bei der Oma und den Tanten wohnten, mussten wir Kinder immer sehr leise sein. „Seid ruhig, sonst kommt die Zerniken hoch", schimpfte meine Oma, wenn wir zu heftig durch die Wohnung tobten. Und so erfand ich stille Spiele: Teppichfransen kämmen; mit einem kleinen Holzauto, auf dem Bauch liegend, Fusseln aufladen; in den Wolken am Himmel Gesichter suchen; Geschichten erfinden. Bücher gab es nicht, und das elektrische Licht wurde erst dann aufgedreht, wenn es draußen schon stockfinster war.

Nichts als Ärger mit der Bürokratie, die Krankenkasse zahlt noch immer nicht die Zahnarztrechnung vom Juni, die liegt nun wieder beim Zahnarzt zur Neuausstellung. Ein Gespräch mit der Pensionsauszahlungsstelle der Telekom in Düsseldorf, weil Mutters Versorgungsbezüge für November noch nicht überwiesen wurden. Das wird händisch von Bonn aus gemacht, sagte mir der nette Herr am Telefon, er wird sich drum kümmern. Wenn ich mich nicht darum kümmern würde: einer alten, verwirrten Frau fällt vielleicht nicht einmal auf, dass ihre Rente noch nicht da ist!

Mutter ist gereizt und unzufrieden. Ich habe ihr das Hörgerät aufgesetzt, um nach dem Spaziergang, der sie sehr angestrengt hat, ein wenig mit ihr zu plaudern, und wieder fängt sie alle fünf Minuten an: „Ich weiß nicht, wann ich nach Hause muss." Ich erkläre ihr, dass sie bei uns zu Hause ist, wir für sie sorgen würden, sie in Berlin keine Wohnung hat. Woraufhin sie über ihre Kinder schimpft – niemand kümmere sich um sie, „die machen ja sowieso alle, was sie wollen", schilt sie. Als ich ihr sage, dass sich ihre Kinder um sie kümmern – „und bin ich schließlich nicht dein Kind?" – meint sie ganz böse: „Und weshalb sind sie dann nicht hier?" So geht das Gezeter hin und her, ich zähle ihr alle Familienmitglieder auf, die Kinder, Enkel, Urenkel, nur ihr Ältester habe sich schon lange nicht mehr bei ihr gemeldet. „Soll er glücklich werden dabei", meint sie bockig. Und wird ganz bös, schiebt die Kekse, die ich ihr hinstelle, energisch über die Tischplatte, ich schiebe sie wieder zurück, sie gibt der Schüssel einen Stoß, während sie ganz düster vor sich hinstarrt. Warum sie so böse ist, will ich wissen. „Muss ich dir alles sagen?", meint sie unwirsch. Weshalb sie ungnädig sei, ihre Kinder würden doch kommen und auch immer wieder anrufen – „davon merke ich nichts", sagt sie ganz bissig. Und warum bist du dann wirklich böse, frage ich schließlich. „Weil du so sprichst." Dann steht sie wackelig auf und stakst mit ihrem Stock durch die Wohnung. Ich gehe ihr nach. „Sind wir wieder gut?" „Aber doch immer", lächelt sie, „wir waren doch gar nicht böse."

Auch unsere Frau Rechtsanwältin meint, Mutter sei derzeit nicht gut beisammen. Kein Wunder, dass der November der Totenmonat ist, meint sie.

ꟸ.ꟹ

Heute kam von der Telekom ein Bescheid, dass das Telekom-Weihnachtsgeld gekürzt wurde von ca. 80 auf 40 Prozent. Morgen ist Vaters Geburtstag. Er wäre 93 Jahre alt geworden. Im Moment habe ich wieder ziemliche Schmerzen, auch die lassen mich nachts schlecht schlafen. Ich habe Angst vor der Operation, dass sie mir ein Bein kürzer machen als das andere, wie es gestern beim Lehreressen einer von Julius' Kollegen erzählte. Der hinkt seitdem. Ich versuche festzustellen, ob die Schmerzen tatsächlich von der Hüfte kommen. Was passiert, wenn es danach nicht wirklich besser ist?

Das war immer eine helle, freudige Aufregung: Ab und zu kamen nach dem Krieg über die Luftbrücke Carepakete von den Amerikanern nach Berlin. Noch heute sagen wir zu dem Denkmal am Platz der Luftbrücke am Tempelhofer Flughafen „Hungerkralle". Da wurden in Blechkisten Lebensmittel an bedürftige Personen verteilt, und als Familie mit vier Kindern kamen wir öfter in den Genuss von Trockenkarotten, Trockenkartoffeln, Trockenmilchpulver, Eipulver, das haben wir in die hohle Hand gestreut und mit dem nassen Finger aufgetupft. Auch gelbe Butter war manchmal drin, und vor allem: dieser herrlich orangefarbene Chesterkäse. Den esse ich heute noch sehr gerne. Meine Mutter hütete die Blechschachtel wie einen kostbaren Schatz.

ꟸ.ꟹ

Heute Morgen stand Mutter nackt in ihrem Zimmer, frierend, hilflos, erbarmungswürdig. Es nimmt rapid zu, dass sie so durcheinander ist. Dass sie immer wieder nach Hause möchte, ist anstrengend, weil ich manchmal nicht mehr weiß, was sie ruhiger machen könnte. Ich habe ihr Weihnachtslieder vorgesungen, das schien sie etwas besänftigt zu haben, wobei ich nicht weiß, ob sie etwas verstanden hat. Danach haben wir ein Kinderpuzzle gespielt, erschreckend, wie reduziert ihr Verständnis ist. Oder stellt sie sich absichtlich so dumm? Den Schrank mit den Kindersachen habe ich mit ihr aufgeräumt, damit sie sich nicht so unnütz fühlt. Als Julius von der Arbeit kam, war sie eifersüchtig, weil wir miteinander gesprochen haben. Aber Julius schafft es immer wieder, sie aus dem dunklen Loch zu holen und zum Lachen zu bringen.

Dann später wieder: „Ich gehe jetzt, mein Gott, mein Gott, Bärbel, kannst du mir denn nicht helfen?“ Ich sage: „Nein, nach Hause kann ich dich nicht bringen, denn du bist doch jetzt hier zu Hause.“ Sie erwidert ungehalten: „Kannst du denn nicht ein bisschen entgegenkommender sein?“ Ich beschwichtige sie: „Ach Mutti, bleib mal hier sitzen.“ Und sie sagt ganz vorwurfsvoll: „Ich habe dir doch auch immer früher geholfen. Wieso willst du nicht?“

Das stimmt ja auch.

Seit drei Tagen bin ich krank, Fieber, Mundentzündungen, fühle mich saumäßig, nehme Antibiotika. Zum Glück hilft mir Julius, er fährt Mutter stundenlang spazieren, damit ich mich erholen kann. Ich hoffe, zu Weihnachten gesund zu sein. Sorgen bereiten mir noch die Untersuchungen, die ich jetzt nicht erledigen kann wegen der Medikamente. Hoffentlich schlägt sich das alles nicht in den Blutwerten nieder und ich bekomme die OP-Freigabe nicht. Das wäre eine Tragödie, nachdem ich alles gut organisieren konnte.

Vor dem Schlafengehen habe ich ein wenig mit Mutter geplaudert. Sie sagt manchmal Sachen, die ans Herz gehen: „Entschuldige, dass ich dich so umherjage, ich will ja nicht lästig sein“, murmelt sie, nachdem sie wieder den ganzen Nachmittag nach Hause und „weg, weg“ wollte. „Das macht nichts“, tröste ich sie, „nur dein Jammern, dass du jeden Tag weg willst, ist lästig.“ Und sie flüstert daraufhin mit verlorenem Gesichtsausdruck: „Das ist doch bei mir das Heimatlose.“ Dann könnte ich heulen, so sehr verstehe ich, was sie sagen will. Ich nehme sie in die Arme und streichle sie. „Ich bin ja auch so starr in allem“, meint sie, „Angst, es auszumosern.“ Dann reden wir von Julius, „meinem Mann und deinem Schwiegersohn, der dich immer spazieren fährt“. Da strahlt sie und sagt: „Du, die haben’s besser als der eigene Sohn.“ Dann: „Nett, dass du mit mir hier sitzt, ich hätte alleine wahrscheinlich wieder wie so’n Dreisechsertaler ... Ich bin ja so eine Hühnerkeule, die dann rumsumpft.“

Ich empfinde so etwas wie Barmherzigkeit – auch wenn das pathetisch klingt –, wenn sie sich in ihren Worten artikulieren möchte.

Ich hoffe, dass ich mit den Kindern gut über den Winter komme, bis jetzt habe ich sie noch satt gekriegt, wenn Du erst wieder bei uns bist, wird auch alles besser werden. Die Kinder freuen sich schon sehr auf ihren Vati, hoffentlich lernen sie Dich bald kennen. Ich habe immer gehofft, Du würdest dieses Weihnachtsfest mit uns erleben. Nun werde ich aufhören, wir müssen bis Weihnachten noch sieben Puppen anziehen, Christa hat Freitag Geburtstag, da kriegt sie ihr Puppenkind fein gemacht. Kuchen habe ich auch schon für sie gebacken. Ich wünschte nur, ich könnte ihnen öfter so etwas geben. (Aus einem Brief meiner Mutter an meinen Vater in das Internierungslager Münster/Hannover, 3. 12. 1945)

Nun ist es schon das zweite Weihnachtsfest, das wir mit unserer Mutter hier in Österreich feiern. Diesmal kommt viel Besuch aufs Land, Anja hat eine Freundin mit vier Kindern eingeladen, dann die übliche Hofbelegschaft – welch ein Jubel, welch ein Trubel wird in unserem Hause sein ... Mit Mutter habe ich Kekse gebacken, das heißt, sie hat Sternchen und Herzchen ausgestochen, ich habe ihr geholfen, weil sie absolut nicht wusste, was sie mit den Ausstechförmchen anstellen soll. Sie hat sie in ihren Händen hin und her gedreht, dran geleckt und dann hat sie die Augen verdreht. Wenn sie lustig ist, schaut sie mich manchmal streng an und fängt plötzlich an zu schielen. Dann freut sie sich wie eine Schneekönigin, wenn ich lachen muss.

Überhaupt spielt sich viel auf der nonverbalen Ebene ab. Sie schneidet Grimassen, streckt die Zunge heraus, droht mir mit dem Finger, wenn sie ungehalten ist, oder sie schwingt ihren Stock und sagt: „Komm du mir mal nach Hause!"

„Diese sehr alten Menschen haben mir allmählich gezeigt, dass man im hohen Alter noch eine andere Aufgabe erfüllen muss", lese ich. „Ich möchte sie die Aufgabe jenseits der Integrität nennen, die des Aufarbeitens statt zu vegetieren. Sehr alte Menschen, die mit ihren tiefen, ungelösten Gefühlen aus früheren Stadien festsitzen, kehren oft in die Vergangenheit zurück, um diese Gefühle zu lösen. Sie bereiten sich auf die letzte Reise vor." (1*)

Wie lange werden wir noch dieses Leben mit der alten Frau führen? Julius sagt: „Solange sie noch Freude am Essen hat, können wir sie nicht in ein Heim geben." Es scheint, dass sie ihn sehr liebt und großes Vertrauen zu ihm hat. Auch deswegen liebe ich meinen Mann so sehr: Ich habe ihn durch die Pflege, die er meiner Mutter angedeihen lässt, von einer ganz neuen, zärtlichen Seite kennen gelernt, die mir bislang nicht bewusst war.

Liebes Frauchen! Heute ist der erste Tag im neuen Jahr, wir haben dienstfrei, man glaubt es nicht. Vorhin war ich im Kuhstall und hab mich von oben bis unten gewaschen, da ist's nämlich schön warm drin. Die italienischen Frauen, die sich auch wegen der Wärme meistens im Stall aufhalten, konnten meinen stattlichen Körper bewundern, eine davon hat mir sogar den Rücken abgewaschen, man glaubt es nicht. Die sittlichen Begriffe sind hier etwas locker, na und mir hat es auch nichts ausgemacht. Die Weiber hier sind lose Wesen, am liebsten würden sie haben, wenn man sich zu ihnen ins Stroh legt. Wir sind uns alle einig, dass das nicht in Frage kommt, nicht bloß wegen der schmutzigen Unterwäsche. So sehr wir es alle auch nötig haben, ich warte, bis ich bei meinem *Frauchen bin. Ich weiß, dass Du mir das glaubst, sonst würde ich Dir gar nichts darüber schreiben. (Aus einem Brief meines Vaters an meine Mutter von der Front in Italien, 2. 1. 1945)*

2005

In den letzten acht Wochen ist viel passiert: Ich bin operiert worden, habe ein neues Hüftgelenk aus Titan bekommen, alles ist gut verlaufen. Nach vierzehn Tagen Spitalsaufenthalt drei Wochen Rehabilitation, Julius hat mich dort die Hälfte der Zeit begleitet, er hat sich etwas erholen können, ist viel spazieren gegangen, während ich meine Behandlungen hatte. Fast wie Urlaub. Und endlich etwas Zeit für uns.

Sechs Wochen nach der OP kann ich gut und ohne Schmerzen schlafen, in der Hüfte ist noch ein Zwicken und ich muss darauf achten, dass ich sie noch nicht zu sehr bewege, die nächsten acht bis zehn Wochen totale Schonung. Meine verbissene Turnerei hat sich also ausgezahlt.

Es wird überlegt, ob solche Operationen künftig überhaupt noch von der Krankenkasse bezahlt werden. Das sei zu teuer, heißt es. Die Leute sollen entweder – gebeugt vor Schmerzen – den Rest ihres Lebens dem Tod entgegenhumpeln, antwortet mein Arzt auf meine Frage nach dem Sinn solcher Überlegungen, oder die Operation muss privat bezahlt werden. Zwei-Klassen-Medizin? Aber wo denn.

Meine Tante Mariechen, die eigentlich die Tante meiner Mutter, aber nicht so sehr viel älter als diese war, hatte verkrüppelte Füße. Sie trug speziell angefertigte, hohe Lederschnürschuhe, und es dauerte immer eine ganze Weile, bis sie die Dinger gebunden hatte. „Rieke, mach die Socken scharf", sagte meine andere Tante, die Schwester meiner Mutter und Raucherin, zu ihr, wenn sie losgehen wollten. „Wat denn, du roochst ja noch", antwortete die Tante und begann gemächlich mit ihren Gichtfingern das umständliche Schuhschnüren. Die beiden Tanten, mit denen wir nach dem Krieg ja eine Zeitlang zusammen wohnten, und meine Mutter bildeten ein Gespann, das meinen armen Vater wegen seiner Biergelüste oft in die Mangel nahm.

Seit einer Woche versorge ich Mutter wieder – mit Julius' Hilfe und auf Krücken. Das heißt, alles geht wieder seinen gewohnten Gang.

Schwester, Schwager, Bruder, Schwägerin haben sie während meines Krankenhaus- und Rehabilitationsaufenthaltes versorgt. Sie waren mit der Mutter auf dem Land, und es ist alles gut gegangen. Das Rehab-Zentrum liegt, wie auch unser Wochenenddomizil, im Waldviertel, und zweimal sind wir am Wochenende durch den Tiefschnee zu unserm Bauernhaus gefahren – es war beruhigend, unsere Mutter bei so guter Laune zu sehen. Sie hat es genossen, so viele ihrer Kinder und Schwiegerkinder um sich zu haben. Ich bin auf meinen Krücken durch den Tiefschnee gestakst und Mutter hat, auf ihren Stock gestützt, erstaunt auf meine Gehhilfe geschaut.

Jetzt, Ende Februar, wird es draußen schon heller, es kann also nur aufwärtsgehen.

Inzwischen sind wir wieder in Wien und Mutter ist nicht allzu gut bei Laune. Trübe Tasse. Gestern hat sie viel geweint und war ziemlich ungehalten. Nach Hause zur Großmutter will sie. Sie ist so hilflos und verloren, ich habe sehr großes Mitleid mit ihr. Bringt sie die Hin- und Herfahrerei vielleicht doch aus dem Lot? Keine Ahnung, aber meist blüht sie auf, wenn sie ins Auto steigen kann.

Nach den fünf Wochen, die ich nicht neben Mutter verbracht habe, fällt mir auf, wie schnell sie abgebaut hat. Sie kann sich nicht mehr alleine waschen, auch die Zähne kann sie sich nicht mehr alleine herausnehmen. Das Frühstücksbrot streicht sie sich allerdings noch selbst. Sie ist immer öfter sehr verwirrt. Eben sagt sie: „Habe gekackt“, aber das hat sie nur geträumt. Und dann fährt sie erschreckt aus dem Schlaf hoch und sagt „Hans“. Ich habe den Eindruck, dass ihre Demenz einen ziemlichen Schub gemacht hat. Sie kann kaum noch etwas Normales reden und bringt alles durcheinander.

Minus zwanzig Grad in Zwettl und ununterbrochen Schnee, in Wien zwanzig Zentimeter Neuschnee. Ich glaube, heuer will es gar nicht mehr Frühling werden.

„Du glaubst ja gar nicht, wie schön warm es hier ist“, sagt Mutter jedes Mal, wenn sie abends ins Bett geht. Morgens, wenn ich frage, ob sie gut geschlafen hat, antwortet sie immer mit allergrößter Überzeugung: „Ja, ich habe geschlafen.“ Ob gut oder schlecht, sagt sie nie.

Heute sagte sie „Mutter“ zu mir: „Wo warst du denn, Mutter?“ Sie ist immer mehr Kind – ängstlich und hilflos –, obwohl man Acht geben muss, dass sich die Mutter-Kind-Rollen nicht wirklich verkehren, denn sie ist nicht mein Kind.

Gestern hat meine Schwester angerufen, Mutter sagte zu ihr: „Holst du mich ab?“ Meine Schwester hat wohl gefragt, wo sie denn gerade sei, und da sagte sie: „Na in so einem Heim.“ Dann wieder ist es sehr lustig, zum Beispiel wenn Julius seine Scherzchen mit ihr macht, er gackert wie ein Huhn und sie miaut wie eine Katze zurück. Und auf die Spazierfahrten mit Julius freut sie sich immer. Er ist mindestens dreimal die Woche mit ihr stundenlang unterwegs. Es ist Liebe, weshalb er das macht – zu mir. Damit ich ein bisschen Ruhe vor ihr habe.

Ich sehe meine Mutter in dem Badezimmer meiner Oma stehen, wie sie den Emailleofen einheizt, höre dieses wunderbare Knistern des Holzes und sehe den Lichtschein, wenn sie ein Scheit nachlegt. Alle Geschwister haben nacheinander im gleichen Badewasser gebadet, denn Brennmaterial war kostbar. Ich war als drittes Kind immer die Letzte. Das Wasser war oft schon lauwarm, wenn ich hineinstieg, und obenauf schwamm ein grauer Schmutzfilm. Einmal wöchentlich, samstags, war bei meiner Oma

Badetag, denn wir hatten kein Badezimmer in der Mansardenwohnung der Postsiedlung, die mein Vater nach dem Krieg zugewiesen bekam.

ꕥ

Mutter ist wieder mal beleidigt. „Ich wünsche dir Glück – mit Tränen", sagt sie zu mir und nickt sauer in meine Richtung. Wenn Tatjana und ich lachen müssen, sagt sie: „Wunderschön. Von wem hast du das denn?" Sage ich: „Von dir, bist ja meine Mutter", sagt sie: „Glaube ich nicht."

„Vorsicht", brummt sie wie ein Wachhund aus dem Hinterhalt, wenn jemand am Fenster unseres Bauernhauses vorbeigeht, und wenn ich lache, kommt ganz vorwurfsvoll: „Sehr schön." Dann: „Raus, wo geht's hier raus?" und „meine Güte, Else". Sie ist unwirsch und giftet mich an. Nun hat Julius sie gepackt, er fährt spazieren und Kaffeetrinken mit ihr. Ihr missmutiger Kommentar: „Dann schmeißt er mich irgendwo hin."

Ich habe ein paar Stunden frei, höre Musik. Die Johannes-Passion, die sie immer um Ostern herum senden, ist sehr schön, sie spielen sie gerade im Radio mit acht SängerInnen, wie ursprünglich auch von Bach vorgesehen. „Ach, ihr seid alle verrückt", sagt Mutter, als sie heimkommt. Ob sie schlafen gehen möchte? – „Nein, noch nicht." – „Na dann bleiben wir noch ein bisschen sitzen", schlage ich vor, „dann gehe ich halt auch noch nicht." Sie erwidert: „Geh doch, ich komme mit und tu dir nichts – wirklich nicht."

ꕥ

Ich bin etwas nachlässig mit dem Schreiben geworden. Die Zeit rennt mir davon. Seit meiner Operation bin ich ganz glücklich schmerzfrei in Bein und Hüfte, habe gestern am Land schon einen einstündigen Spaziergang geschafft, bergauf, bergab. Probleme machen mir noch die Schmerzen in den Schultern, ab morgen bekomme ich bis Ende Juni zweimal wöchentlich Therapie.

Gestern war Besuch hier, wir haben gut gekocht und Mutter ist nachts dazugekommen auf ein Gläschen. Alle haben gestaunt, wie lieb und aufgeweckt die fast 93-Jährige ist.

Das ist eine gute Regelung – uns die Leute ins Haus zu holen, weil wir ja nicht wegkommen, damit wir nicht verblöden. Nun ist meine Mutter schon fast zwei Jahre bei uns. Es hat sich alles irgendwie eingespielt. Heute Morgen habe ich wieder einmal verzweifelt ihre Zähne gesucht.

Letztlich habe ich sie am Klo im Mistkübel zwischen ihren alten, stinkigen Einlagen gefunden. Das ist auch etwas, das mir täglich Überwindung abverlangt: die Mistkübel mit den voll gepinkelten Binden sauber machen.

Das hat es früher bei uns nicht gegeben: Klopapier. Oder Binden. Klopapier hat meine Mutter aus alten Zeitungen geschnitten. Es gab ein Drahtgestell, auf welches die viereckigen Zeitungsausschnitte, die mein Vater mit seinem Taschenmesser zuschnitt, aufgespießt wurden. Ich habe sie immer heruntergenommen und versucht, die einzelnen Teile zusammenzufügen. Die Klositzungen waren dementsprechend lang. Binden waren zusammengerissene Fetzen aus alten Leintüchern. Die mussten meine Schwester und ich nach Gebrauch in einen Eimer kalten Wassers einweichen, das stank oft fürchterlich, meine Mutter kochte sie dann aus. Wir hatten kein Geld für Hygieneartikel.

Die Landwochenenden übersteht Mutter im Moment wieder hervorragend. Meistens fahren wir freitags und kommen am Sonntag oder Montag zurück. Es ist für uns und für sie eine Abwechslung. Außerdem hat es sich so eingespielt, dass sie vormittags zwei Stündchen schläft und allein im Haus bleibt. Wir können dann spazieren gehen. In Wien ist das schwieriger, denn dort müssten wir erst rausfahren, außerdem traue ich mich nicht, sie alleine in der Wohnung zu lassen.

Heute sagte sie, auf Julius deutend: „Ach Gott, der tut mir leid." „Warum denn?", frage ich. „Weil er so allein ist." „Aber er hat doch dich und mich." Sie: „Man weiß ja nicht, auf was er so steht." Als Julius noch einmal durch ihr Zimmer in die Sauna ging, versicherte sie: „Ich werde ihn bestimmt nicht einweichen."

Immer wieder beobachtet sie ganz aufgeregt die Kondensstreifen der Flugzeuge am Himmel. Das ist etwas, das sie völlig vereinnahmt. „Was die da oben wieder rummosern", deutet sie empört in den blauweiß gestreiften Himmel, „alles bringen die durcheinander ..."

Als kürzlich eine Freundin, die Psychologin ist, zu Besuch war, erzählte ich ihr aus meiner Kindheit, wie Mutter mir die Hände ans Gitterbett gebunden hat, weil ich so viel Daumen gelutscht habe, wie stolz sie auf mich war, weil ich angeblich mit acht Monaten sauber war, auch nachts, und wie sie mich als Säugling an den Beinen hochgehoben hat, um mir den Hintern zu versohlen, weil ich so wütend geschrien habe, bis ich blau angelaufen sei und fast erstickt wäre. So zumindest erzählte es mir meine Mutter, aber ganz glauben kann ich es bis heute nicht ... „Und da hast du keinen Zorn auf deine Mutter und pflegst sie?“, fragte die Freundin ungläubig. Nein, ich habe keinen Zorn. Warum eigentlich nicht? Ich hatte eine geborgene Kindheit, vielleicht deshalb.

Mutter weiß die Namen ihrer Kinder nicht mehr. „Hertha? Helene?“ Wie ich heiße, weiß sie auch nicht. „Ich müsste mal rüber zu meiner Mutter zum Hindenburgdamm“, sagt sie. „Aber da traue ich mich nicht hin.“ „Warum denn nicht?“, frage ich. „Weil ich sie nicht mehr erkennen werde“, kommt die kluge Antwort.

Die Marschnerstraße und der Hindenburgdamm, zwei Parallelstraßen in Berlin-Lichterfelde, waren durch ein weit verzweigtes Kellersystem verbunden. So konnte man unterirdisch von der einen in die andere Straße gelangen. Diesen dunklen Weg vorbei an den verschlossenen Kellerabteilen gingen wir oft, wenn meine Mutter zur „Andreoma“, der Mutter meines Vaters, gelangen wollte, die auf dem Hindenburgdamm wohnte. Heilige Schauer durchfuhren mich jedes Mal, wenn wir diesen muffigen Weg gingen. Als die „Andreoma“ gestorben war, gingen wir diesen düsteren Gang zu ihr. Sie lag weiß und kalt in ihrem Bett und hatte eine dunkelblaue Strickjacke mit roten Noppen an. Auf dem Kleiderkasten lag Vaters Geige.

Über „Die Weisheit in der Desorientierung“ lese ich: „Die Außenwelt verschwimmt. Was draußen passiert, ist nicht mehr von Bedeutung. Es gibt niemanden mehr, der sich um einen kümmert, niemanden, den man liebt; es gibt nichts zu tun. Die physische Beeinträchtigung der Augen, der Ohren, des reflexiven Selbstbewusstseins und des Bewegungsvermögens begünstigen den Rückzug. Alte Menschen vergeuden keine Energie mehr, um sich an Namen der Gegenwart zu erinnern. Das Kurzzeitgedächtnis schwindet.“ (1*)

Das reflexive Selbstbewusstsein scheint bei meiner Mutter noch in irgendeiner Form, zumindest streckenweise, vorhanden zu sein. Ebenso das Bewegungsvermögen. „Schau dir an, wie sich Mutter noch mühelos zu ihren Schuhen beugen kann“, sagt Julius, „das bringe ja nicht einmal ich zustande." Auch scheinen die Augen intakt zu sein. Früher war meine Mutter stark kurzsichtig, später hatte sie eine Staroperation und braucht seither keine Brille mehr. Kürzlich war Julius mit ihr im Restaurant, und zum Nachtisch gab es eine Kiwicreme. Aus der hat Mutter alle kleinen schwarzen Pünktchen mit einer unglaublichen Ausdauer herausgekletzelt ... Ich glaube, Mutter ist allenfalls auf dem Weg, „die Weisheit der Desorientierung" zu entdecken. Endgültig angekommen ist sie dort wohl noch nicht.

Sie klagt: „Lieber Gott, gib mir einen neuen Kopf."

Am vergangenen Wochenende ist Julius mit Mutter nach Krems in die Kunsthalle gefahren. Dort hat er sie in den Rollstuhl gesetzt und durch die Ausstellung gekarrt, diesmal Renoir. Die Bilder schaute sie sich sehr interessiert an. Beim Mittagessen wusste sie schon nicht mehr, dass sie in einer Ausstellung gewesen war.

Den Julius liebt Mutter. „Mein Junge", sagt sie manchmal zu ihm. Als er neulich auf der Gartenbank den Kopf in ihren Schoß legte, um zu sehen, wie sie reagiert, streichelte sie ganz zärtlich seine grauen Stoppeln und flüsterte „mein Kleiner". Gestern, als Julius vom Garten in die Küche kam, zischelte sie: „Da kommt Schlecki mit Parfum." Es ist schon manchmal ziemlich witzig mit ihr.

Unsere Tochter Anja hat im Internet etwas Tolles gefunden: In der Nähe unserer Wohnung gibt es eine Tagesbetreuung für Demenzkranke von der Caritas Sozialis, die nicht so teuer sein soll. Sie basteln dort mit den Betroffenen oder beschäftigen sich anderweitig mit ihnen. Wir werden einen Termin vereinbaren, mal sehen, vielleicht gelingt es, dass ich einen mutterfreien Tag in der Woche haben kann und Mutter etwas mehr Abwechslung. Anja wollte mir zum Geburtstag eine Woche Mutterbetreuung schenken. Ich habe mich sehr gefreut, aber gesagt, schon über ein verlängertes Wochenende wäre ich glücklich. Sie als Alleinerzieherin mit ihren zwei Kindern braucht ja selbst den Urlaub.

Meine beiden Geschwister werde ich auch fragen, ob sie eine Woche ins Waldviertel kommen können. Dann könnten Julius und ich ja vielleicht doch noch in diesem Jahr ein wenig für uns sein und verreisen – wir würden es dringend brauchen. Dass mein älterer Bruder uns einmal ablöst, wie er und seine Frau es uns bei der Entscheidung, ihnen die Mutterbetreuung abzunehmen, zugesagt hatten, daran glaube ich mittlerweile nicht mehr.

Meine Eltern bekamen Ende der vierziger Jahre von der Post, bei der mein Vater nach dem Krieg als Telegrafenarbeiter beginnen konnte, die Dachmansardenwohnung in der Baseler Straße zugewiesen. Die paar Möbel, die meine Mutter aus dem Kriegsschutt gezogen hatte, wurden auf einen Pferdewagen geladen. Ich durfte vorne beim Kutscher sitzen und die Peitsche schwingen. Die Wohnung hatte dreieinhalb Zimmer mit schrägen Wänden und eine große Wohnküche mit einem Kochherd, in dem meine Mutter das Feuer fürs Essen schürte. Bevor mein Vater die Wohnung neu ausmalte, durften wir Kinder die mit dunkelgrüner Ölfarbe gestrichenen Wände mit Kreide und Buntstiften anmalen.

Julius war vormittags wieder mit Mutter unterwegs, das ist jedes Mal ein Lichtblick. Nun ist er zur Arbeit gefahren. Meiner Hüfte geht es gut, meinen Schultern besser, nur eine Verkühlung quält mich. Am Freitag habe ich für Mutter einen Zahnarzttermin ausgemacht. Sie verliert oben ihr Gebiss. Montag sind wir bei einer Neurologin. Vielleicht kann eine andere Medikamentenzusammensetzung die zunehmenden Angstzustände mildern.

„Mit Fortschreiten der Erkrankung nimmt die Verwirrtheit zu, der Kranke erlebt sich selbst als zunehmend abhängig und unselbständig, er orientiert sich an Ihnen als seiner Bezugsperson, er lässt Sie oft nicht aus den Augen und folgt Ihnen auf Schritt und Tritt", lese ich. „Er reagiert mit Angst und Unruhe, wenn er alleine gelassen wird, und akzeptiert keine für ihn fremde Person. Auch wenn das sehr lästig sein kann, nehmen Sie es ihm nicht übel, Sie geben ihm Sicherheit und sind oft das einzig Vertraute in einer sich ständig verändernden Welt." (3*)

Jetzt, wo ich am Computer sitze, kommt Mutter zielstrebig angewackelt: „Darf ich dich stören? Ich möchte zurück. Mein Gott, ich weiß gar nicht, wie ich das machen soll." Ich habe sie neben meinen Schreibtisch gesetzt und halte ab und zu Händchen. Das beruhigt sie. Aber sie bekommt wieder ihren stumpfen Blick, der mir anfangs so viel Angst gemacht hat.

Ebenso schnell ist sie aber doch wieder guter Laune. Wenn sie ihre „Lustigtablette", an die sie schon in Berlin gewöhnt wurde, eingenommen hat, sackt ihre Stimmung erst tief in den Keller, und dann plötzlich lacht

Mende 2005

sie unvermittelt laut über irgendeinen Blödsinn. Dabei leuchten ihre Augen wie bei einem kleinen Kind.

Heute habe ich mich wieder über Mutters bescheuerte Krankenkasse geärgert. Da zahlt sie monatlich 233 Euro, bearbeiten tun sie aber erst Rechnungen, wenn sie die Höhe von 200 Euro erreicht haben. Nun bekam ich wieder einmal, wie schon so oft, eine Arztrechnung von 40 Euro zurückgeschickt, ich muss von der Apotheke auflisten lassen, welche Medikamente verschreibungspflichtig sind. Die Rechnung ist vom Hausarzt ausgestellt, die Medikamente sind aus seiner Hausapotheke bezogen – und zwar Präparate, die sie seit Jahren verschrieben bekommt. Nun plötzlich muss ich das alles erneut nachweisen.

Dasselbe erlebte ich bei der Zahnarzt- und bei der Spitalsrechnung – x-mal bin ich hin und hergeschickt worden, vollkommen unnötige Wege, und ein Großteil wurde letztlich gar nicht rückerstattet. Können die sich denn nicht vorstellen, dass man schon genug mit der Betreuung und mit dem Suchen von Pflegediensten zu tun hat? Diese Bürokratenanforderungen sind unzumutbar!

Die neuen Wohnungen in der Postsiedlung in Berlin-Lichterfelde, in der Beschäftigte der Post, heute Telekom, nach dem Krieg wohnten, befanden sich in zweistöckigen Häusern aus den 1920er- und 30er-Jahren, in denen vorher Nazi-Offiziere untergebracht waren. Wir wohnten ganz oben in der ausgebauten Dachmansarde, an die ein großer Dachboden anschloss, der in meiner Kindheit unser Abenteuerspielplatz war. Schräg gegenüber war die amerikanische Kaserne. Manchmal sagte meine Mutter zu uns: „Der dort, der wird euch holen, wenn ihr nicht brav seid." Und sie deutete auf den schwarzen Posten, der am Kaserneneingang Wache schob.

Schon um acht Uhr hatten wir heute einen Zahnarzttermin. Die kleinen, echten Zähnchen, die Mutter noch hat, werden saniert, und ihr Teilgebiss wird angeglichen. Sie war aber ganz tapfer beim Zahnarzt. Hat den Mund gehorsam weit aufgerissen, hielt still. Die Zahntechnikerin hat die Teilprothese notdürftig repariert, denn es gibt keine Ersatzteile mehr dafür. Mutter ist mit zittrigen Knien aus der Praxis gegangen. An der Ecke wollte ich mit ihr in ein Taxi steigen, aber der Fahrer lehnte ab, uns mitzunehmen, nachdem er gehört hatte, dass wir nur ein paar Straßenecken weiter wohnen. Also sind wir recht mühselig nach Hause geschlichen, immer auf der Suche nach einer Bank, damit Mutter sich niedersetzen konnte.

Wenn Julius von der Arbeit kommt, fahren wir ins Bauernhaus. Jetzt tappst Frau Mama wieder durch die Wohnung und jammert: „Oh Else, wo bist du, wat hamse mit dir jemacht?“ Ich werde mir also etwas ausdenken, damit sie aus ihrer Traurigkeit rauskommt: Gemüseputzen.

Morgen feiern wir meinen 62. Geburtstag mit allen Kindern und Enkeln. Wunschlos unglücklich.

Heute Morgen hat sich Mutter selber angezogen. Und alles richtig – Unterzeugs, Strumpfhosen, Überzeugs, alles in Ordnung. Da soll man sich auskennen. Es kommt für eineinhalb Stunden wieder die Frau Besuchsdienst.

Gestern waren wir bei der Neurologin. Sie konnte uns nicht wirklich helfen. Sie riet, die Psychopillen auf zwei Rationen zu halbieren. Aber kleinere Einheiten gibt es nicht, wie also soll ich das kleine, runde Ding teilen? Dann empfahl sie Beruhigungstropfen, aber die hatte Mutter ja schon in Berlin, da schlief sie nur vor sich hin. Die Dosis sei zu hoch gewesen, meinte die Ärztin. Wir haben ihr anscheinend so leid getan, dass sie kein Honorar verlangt hat – eigentlich wären 90 Euro zu zahlen gewesen. Sollte Mutters bescheuerte Krankenkasse diese Rechnung übernehmen, werden wir es ihr geben, so haben wir es mit ihr vereinbart.

Das ist wirklich nicht leicht zu ertragen. Mutter ist zu Julius sehr lieb, sie strahlt ihn an, herzt und küsst ihn. Zu mir ist sie maulig. Es erinnert mich an die Freizeitväter und Alltagsmütter – Erstere bekommen die volle Kindersympathie und Letztere den Tagesfrust. Bei der Erwähnung von Julius´ Namen strahlt Mutter: „Er ist sehr lieb, weil er mich ausführt.“

Auf die Frage, wer denn der Julius sei, antwortet sie: „Unser Auto.“ Vor kurzem fragte sie mich: „Der Hausknecht, hat er dich losgelassen?“ Als Julius ihr eine gute Nacht wünscht, meint sie zu mir: „Na, den kenne ich ja nicht, aber trotzdem gute Nacht.“ Und stellt fest: „Frau Naiv scheint nicht hier zu sein.“

„Ach lieber Gott, warum?“, ist seit einiger Zeit Mutters Klagelied. Das geht dann eine ganze Weile, dieses Jammern und Greinen. Heute war ich zwei Stunden im Botanischen Garten mit ihr. Das hat ihr gefallen, alles blüht. Zu Hause waren dann die Hosen nass. „Ich bin ein olles Dreckschwein“, sagt sie, und ich tröste sie: „Komm, ziehen wir was Neues an.“

Stolz erzählte mir meine Mutter einmal, dass ich bereits mit eineinhalb Jahren sauber gewesen sei, auch nachts. Viel, viel später, als ich schon selbst Kinder hatte, wurde mir bewusst, was für eine Erleichterung es für eine Mutter im Krieg ohne Wegwerfwindeln und Waschpulver gewesen sein musste, so ein sauberes Kind zu haben. Sie setzte mich damals wahrscheinlich stündlich auf den Topf. Ein Wunder, dass ich keinen psychischen Knacks bekommen habe. Zumindest weiß ich nichts davon.

Gestern war ich wieder mit Mutter beim Zahnarzt, nachdem sie ihre neu gerichteten Zähne nicht herausbekam, nun geht's wieder. Der Zahnarzt musste mit dem Hämmerchen das verhakte Gebiss herausklopfen.

Danach waren wir mit Mutter bei Freunden zum Wildschweinessen. Beim Hinausgehen aus der Wohnung ist Mutter plötzlich hingefallen. Julius hatte sie an der Hand gefasst und sie hat sich offenbar nach mir umgedreht – so schnell haben wir gar nicht schauen können, ist sie am Boden gelegen. Und wie ein Stehauffrauchen ist sie wieder hochgekommen. Offenbar hat sie sich nicht verletzt. Nur ihre Hand ist ein wenig blau angelaufen, da, wo Julius sie gehalten hat, wodurch der Sturz nicht so heftig war.

Heute ist sie wieder putzmunter und mit unserer Frau Rechtsanwältin drei Stunden ins Marchfeld zum Spargelernten gefahren. Danach verdrückte sie zum Abendessen eine Bratwurst mit viel Senf und war lustig und witzig.

Unsere Bärbel scheint ja ein allerliebstes Gör zu sein, ich bin schon wirklich neugierig und ich habe schon große Sehnsucht nach dem kleinen Ding. Bei uns hier ist noch nichts klar, und so gibt's Ungewissheiten zu berichten, wir werden schon bald wegkommen, hoffentlich in eine ange-

nehme Gegend. Gesundheitlich geht's mir gut, und mit dem Essen geht's jetzt auch so leidlich, schon deswegen, weil ich Beziehungen zu einer Eiertante habe, da kriege ich öfter einige Eier in die Pfanne geschlagen, allerdings für teures Geld. (Aus einem Brief meines Vaters von der Front in Frankreich, 5. 5. 1943)

Heute ist uns Mutter beim Frühstück einfach weggekippt. Sie hing bewusstlos in ihrem Sessel, verdrehte die Augen und lallte Unverständliches. Julius und ich haben sie ins Bett getragen, kalte Umschläge gemacht, Julius hat ihr auf die Wange geklopft. Als sie wieder zu sich kam, sagte sie zu ihm: „Ja, hau nur kräftig, die Olle ist wieder doof." Und zu mir: „Ich will ja ein braves Mädchen sein."

Das ist eigenartig, dem Tod so nah und dennoch so witzig, kaum dass sie die Augen aufschlägt. Für uns war es wie eine Generalprobe fürs Sterben. Wir haben überlegt, ob wir den Arzt rufen sollen. Meine Befürchtung ist, dass er sie gleich ins Krankenhaus einliefern lässt, und das gibt ihr dann vielleicht den Rest.

Jetzt liegt sie friedlich in ihrem Bett, normaler Blutdruck, rosige Gesichtsfarbe, guter Puls, ruhiger Atem – und eben höre ich etwas am Klo: ist sie doch tatsächlich alleine aufgestanden. Ich warte mal den Tag ab und entscheide dann, ob ärztliche Hilfe nötig ist. Am wenigsten möchte ich sie im Spital haben.

Und was mache ich jetzt, mittags, nachdem Mutti ruhig im Bett liegt und sich auf eine Spargelsuppe freut? – Ich habe, was ich schon lange vorhatte, alle Adressen und Telefonnummern zusammengeschrieben von jenen Leuten, die benachrichtigt werden müssen oder wollen, wenn Mutter stirbt. Doch das wird hoffentlich nicht so bald der Fall sein. Die Spargelsuppe hat ihr geschmeckt – zwei volle Teller hat sie geschlürft.

Am Nachmittag habe ich ein paar Kleider in die Altkleidersammlung getragen. Als ich den Tonnendeckel geöffnet hatte, kam ein Mann angelaufen und bat mich um den Kleidersack. Er sah aus, als käme er aus Indien oder Bangladesh, sprach kaum Deutsch, deutete mit den Fingern die Zahl drei und sagte: „Baby, Hunger." Ich gab ihm mein ganzes Kleingeld, das ich in der Tasche hatte, und er hockte sich auf den Boden und inspizierte den Kleiderhaufen.

Neben der Kleidertonne ist das Kloster in unserer Gasse. Dort wird die Schlange jener Menschen immer länger, die mittags um eine Klostersuppe anstehen.

༄.༄

Schon das zweite Mal, dass wir nicht beim Maiaufmarsch waren. Mit Mutter geht das nicht. Gestern war ich nach langer Zeit mal wieder unter Leuten: Auf der Pädagogischen Akademie fand eine Buchpräsentation statt: „1945 bis 1955 – von der Befreiung zum Staatsvertrag", in dem Buch ist auch ein Beitrag von Julius. Eine schöne Veranstaltung, ein nettes Buch.

Heute fahren wir für fünf Tage aufs Land und nehmen das Enkelkind mit. Von der Telekom ist wieder eine Bezügemitteilung für Mutter gekommen, nach der sie in der höchsten Steuerklasse 6 ist, obwohl sie vom Finanzamt Bonn in der niedrigsten Steuerklasse 1 veranlagt ist. Also wieder Bürokratie, Briefe, Rennereien. Mutters Akten haben schon eine beträchtliche Höhe auf meinem Schreibtisch eingenommen.

Mein jüngerer Bruder hat heute angerufen. Mutti meinte, nachdem sie mit ihm gesprochen hatte: „Ach wie schön, da weiß ich doch, dass ich einen Sohn habe. Aber er tut mit leid", fügte sie an, „der Joachim, ist der nicht beim Wehrturnen?"

Wenn Du nach Hause kommst, kannst Du bestimmt bei der Post anfangen, ich gehe aber morgen noch mal hin und erkundige mich ausführlich. Wenn jemand nach Hause kommt, muss er, um die Lebensmittelkarten zu erhalten, die Entlassungspapiere haben. Ich schrieb Dir schon, dass ich mir sowie die beiden Muttis vom Rathaus Sozialunterstützung hole, für einen Erwachsenen gibt es 35 Mark monatlich, für zwei Kinder 50 Mark und für das dritte Kind 20 Mark, das sind für mich im Monat 105 Mark. Die beiden Muttis kriegen noch einen Mietschein. (Aus einem Brief meiner Mutter an meinen Vater in das Internierungslager Münster/Hannover, 3. 12. 1945)

Meine Tochter hat einen Termin bei der Caritas Sozialis wegen dem „Muttertag" ausgemacht, und das Gespräch mit dem Leiter dort war sehr ermutigend. Der Zuständige meinte, es mache mehr Sinn, wenn Mutter zweimal in der Woche dort ist, um mehr Ansprache zu haben und weil sie sonst alles wieder vergisst. Außerdem wäre es für mich selbst nötig, meinte er, denn die Intensivbetreuung hält niemand auf Dauer aus. Schließlich mache ich das nun schon seit fast zwei Jahren, da müsse sich etwas ändern. In einer Woche ist Generalprobe.

Heute ist Mütterlein das erste Mal in die Tagesbetreuung gegangen. Bin gespannt. Die holen sie morgens gegen acht, halb neun Uhr mit dem Fahrtendienst ab und bringen sie zwischen drei, halb vier nachmittags wieder zurück. Am Dienstag haben sie eine Kochgruppe. Da sind dann acht bis zehn Personen, alles Demenzkranke, die um einen großen, runden Tisch sitzen und sich ihr Essen unter Anleitung der Betreuerin selber kochen. Und schließlich essen sie das Zubereitete auch selbst.

Da sitzen sie nun und schnipseln, manche können es gut, manche wissen gar nicht mehr, wie sie das Messer halten sollen. Die eine Frau singt schöne Volkslieder dabei, die andere Frau ist in ihrem Rollstuhl weggenickt. Drei Betreuerinnen, eine Lernschwester und eine Ärztin sind dort. Es gibt einen Garten, dort machen sie demnächst mit den Alten ein Grillfest. Die Kinder vom benachbarten Kindergarten besuchen sie öfter. Am Donnerstag haben sie eine Musik- und Rhythmusgruppe, eine Therapeutin singt und tanzt mit ihnen und spielt verschiedene Instrumente.

Unsere Mutter sitzt dort auf ihrem Sessel und starrt die Gruppe unverwandt an. Mal sehen, wie sie zurückkommt. Mir ist so zumute, als wenn ein Kind in den Kindergarten kommt. Letzten Dienstag war sie schon mal eine Stunde zur Probe dort und hat Äpfel geschält, das hat ihr, glaube ich, ganz gut gefallen, da hat sie mit den Leuten geschäkert und gealbert.

Was für mich wichtig ist: Sie haben einmal im Monat eine Gesprächsrunde für Angehörige von Demenzkranken, so etwas habe ich ja schon die längste Zeit gesucht. Dort kann man sich austauschen und erfahren, wie andere es mit ihren kranken Angehörigen machen.

Von den Kosten her ist das alles nicht schlimm, der Fahrtendienst kostet für die Hin- und Rückfahrt fünf Euro, ca. sieben Euro müssen für Essen bezahlt werden, außerdem wird ein stündlicher Betreuungssatz verrechnet. Da weiß ich noch nicht, wie hoch das sein wird, es richtet sich nach Mutters Einkünften und wie viel der Fonds Soziales Wien dazuschießt.

Insgesamt sind das alles sehr erfreuliche Aussichten. Ich habe das Gefühl, es wird mir eine Last abgenommen.

In all der Literatur, die ich mir für den Betreuungsalltag in meiner Not zu Rate gezogen habe, wird betont, wie wichtig es ist, sich Unterstützung zu holen. „Bei der Bewältigung dieser Aufgabe brauchen Sie wahrscheinlich sehr viel Geduld und Einfühlungsvermögen, daher ist es auch wichtig, dass Sie auf Ihre eigenen Bedürfnisse und Grenzen achten und sich regelmäßig Pausen gönnen. Holen Sie sich Rat und Unterstützung von anderen Menschen, denen Sie vertrauen, sprechen Sie über Ihre Sorgen und Gefühle und organisieren Sie praktische Hilfe von Anfang an." (3*)

Mutter ist heute ganz fröhlich aus der Tagesbetreuung zurückgekommen, es hat ihr sehr gefallen dort, meinte sie. Auch auf mehrmaliges Nachfragen hat sie immer wieder gesagt, sie würde gerne weiter dort hingehen. Als sie zurückkam, war sie ganz überrascht, dass wir hier sind: „Na so was, dass wir uns hier wiedersehen!" Was sie in der Tagesbereuung gemacht hat, wusste sie nicht mehr. „Man steht dann da wie ein altes Klopapier, Else ist doof."

So ein Glück, dass unsere Mutter ein friedlicher, humorvoller Mensch ist und nicht so eigensinnig wie manche Alten, die sich sträuben, in so eine Gruppe zu gehen. Sie ist auch nicht menschenscheu, obwohl uns in Berlin immer gesagt wurde, sie verträgt es nicht, wenn andere Menschen um sie herum sind. Ganz im Gegenteil, sie genießt Gesellschaft, ob das nun die Enkelkinder und unsere Kinder sind, unsere Freunde, die wir regelmäßig zu uns einladen, oder jetzt die Tagesbetreuung – sie hat Abwechslung und ihr ist nicht so fad. Und ich habe Luft!

Liebes Frauchen! Ich hoffe, von Dir Näheres zu hören, da ich ja bis jetzt nur weiß, dass ihr gesund seid. Bitte beantworte mir die folgenden Fragen so präzise, wie es Dir möglich ist:

1. *Wie sind die Arbeitsmöglichkeiten, ist Arbeit zu bekommen, kann damit gerechnet werden, dass ich wieder bei der Post arbeiten kann bzw. hätte es Zweck, von mir aus anzufragen, wie ist jetzt die Anschrift des Bauamtes, wenn es als solches noch besteht?*
2. *Braucht man, um Arbeit und Lebensmittelmarken zu bekommen, die Entlassungspapiere?*

3. *Bekommst Du Unterstützung, oder musst Du arbeiten?*
4. *Hattest Du Möglichkeit, von meiner Kleidung etwas zu retten, oder bin ich bloß auf meine Uniformklamotten, die ich jetzt trage, angewiesen?*
5. *Wie sind für Dich und die Kinder die Aussichten, betr. Verpflegung und Feuerung über den Winter zu kommen?*
6. *Wie viel wiegst Du?*

(Aus einem Brief meines Vaters an meine Mutter aus dem Internierungslager Münster/Hannover, 23. 11. 1945)

Nun weiß ich auch, was diese Art der Betreuung kostet: Acht Tage im Monat zu jeweils acht Stunden macht monatlich rund 115 Euro aus, hinzu kommen die Kosten bei der Caritas Sozialis, das sind etwa 100 Euro im Monat. Also mit Platzhaltegebühr sind es rund 250 Euro pro Monat, pro Tag ca. 31 Euro. Rechnet man die Betreuung durch andere und den Besuchsdienst dazu, dann sind das monatlich rund 500 Euro. Mit den 410 Euro Pflegegeld, die Mutter bekommt, ist das nicht zu machen.

Gestern Abend war ich das erste Mal in der Gesprächsgruppe für pflegende Angehörige, die von der Caritas Sozialis angeboten wird, während Julius auf Mutter geschaut hat. Ich komme also in einen Kreis von Menschen, die alle in einer ähnlichen Situation sind.

Der eine Mann pflegt seine kranke Frau, die nur mehr im Rollstuhl sitzen kann, nun schon acht Jahre lang. Die Frau neben mir betreut ihren Mann seit zehn Jahren. Sie kann ihn nicht heben, weil er so schwer ist, und gerät jedes Mal in Panik, wenn er allein mit dem Rollstuhl auf die Toilette fährt, denn dort ist es so eng, dass sie ihn nicht wieder herausbringt. Die andere Frau erzählt von ihrer demenzkranken Mutter, die immer wieder wegläuft, die ihr Geld beim Einkaufen verschenkt, eigentlich kann sie nicht mehr alleine in der Wohnung bleiben, doch wohin mit ihr? Eine andere berichtet, dass sich die Mutter nicht waschen lassen will und um sich schlägt, wenn man ihr zu nahe mit dem Waschlappen kommt. Es wird von der Tagesbetreuung auch ein Duschdienst angeboten, erfahre ich, der muss extra bezahlt werden.

Ich will von unserer Mutter erzählen und merke plötzlich, wie es mir die Kehle zuschnürt. Ich kann nichts sagen, sondern nur noch weinen, weinen, weinen. Die anderen haben Verständnis, sie kennen das, sagen sie. Die meisten leiden unter der Isolation, der Beschränktheit des Tages, der Anstrengung durch die Pflege und die durchwachten Nächte. Auffällig ist, dass fast nur Frauen hier sind.

Ich glaube, die Gespräche helfen mir, mit allem besser zurechtzukommen. Es relativiert auch vieles, wenn ich die Leidensgeschichten der anderen höre.

Die meisten Demenzkranken werden in der ersten Zeit der Erkrankung zu Hause von ihren Angehörigen gepflegt, lese ich in einem Zeitungsartikel. Sie werden beim Pflegegeld aber generell zu niedrig eingestuft. Über 80 Prozent der Pflegeleistungen werden im unsichtbaren privaten Bereich mehrheitlich von Frauen erbracht – und hier in erster Linie von Verwandten, in zweiter Linie von Hilfsdiensten und zu einem kleinen Teil auch von den diskutierten illegalen Pflegekräften aus den neuen benachbarten EU-Ländern. Eine 24-Stunden-Betreuung ist für die meisten Angehörigen nicht machbar und offiziell auch nicht leistbar. Geht man nach dem Verwandtschaftsgrad der betreuten Personen, liegt die eigene Mutter an erster Stelle, das dürfte etwa in einem Drittel der Fall sein, gefolgt vom Ehepartner oder Lebensgefährten, in zehn Prozent ist es die Schwiegermutter.

Am Freitag bin ich mit Mutter zum Arzt gegangen, Vitamin B 12-Spritze, ein leichtes Blutdrucksenkungsmittel sowie neue Rezepte. Sie wird zunehmend agiler, läuft am Land schon allein im Garten umher, hat aber nach wie vor ihre „ver-rückten“ Momente.

Nun ist Mutter schon das vierte Mal in die Tagesbetreuung gegangen. Sie ist ganz zufrieden losgezogen. Am Nachmittag: „Was für eine Freude“, sagt sie zu mir, als sie aus dem Auto steigt, „dass wir uns hier wieder treffen!“ Wir raffen uns auf und fahren mit ihr an die Donau in ein Fischrestaurant. „Es ist schön hier“ meint sie, als wir am Wasser sitzen und essen – sie, der Süßschnabel, wie so oft Palatschinken, „schmeckt gut, willste mal kosten?“ Und wir Fisch. Am Abend, als ich sie ins Bett bringe, küsst und umarmt sie mich: „Ich habe dich lieb.“

℘.℘

Heute ist sie wieder in ihrem „Kindergarten“, wie ich immer sage. Es scheint, sie geht gerne hin und kommt auch wieder ganz aufgeräumt zurück. Sie wirkt wacher, redet mich mit meinem Namen an, macht Scherzchen mit Julius und spricht zwischendurch relativ klar aus, was sie will. Was am Nachmittag immer wieder kommt: „Ich will nach Hause.“ Gestern sagte sie, sie wolle zu „Patu“. Wer das sei? „Weiß ich selber nicht.“ Vater? „Kann sein.“

℘.℘

Am Wochenende am Land hat sie gesagt: „Es wird Zeit, dass ich sterbe.“ Als ich erwiderte: „Du alte Schachtel wirst noch lange leben, denn wir brauchen dich doch“, hat sie gemeint: „Kannst ja noch Gras drüber geben.“ Unsere Omsch, jetzt ist sie mit der Frau Rechtsanwältin wieder unterwegs und ich hab ein paar freie Stunden.

Gestern nachmittags war sie ganz aus dem Häuschen, da wollte sie wieder mal nach Berlin, ich bin dann mit ihr hinunter auf die Straße und den Hof gegangen, und als Julius uns die Wohnungstür aufgemacht hat, hat sie ganz bitterlich geweint, sie hat gedacht, sie sei in Berlin. Julius hat sie in die Arme genommen und getröstet.

Den Julius liebt sie über alles – „nich, mein Kleiner? Nu lach doch mal“, sagt sie zu ihm.

℘.℘

Seit einigen Tagen geht es ihr gar nicht gut. Sie hustet wie ein alter Eisenbahnwaggon, am Wochenende hat sie aus dem Ohr geblutet. Außerdem hört sie kaum noch etwas. Der Arzt sagt, die Lungen seien frei und die Entzündung im Ohr sei harmlos. Ich gebe ihr Medikamente gegen den Husten und gegen die Ohrenentzündung, aber abends geistert sie durch die Wohnung und hat wieder ihren leeren Blick. Tagsüber schläft und schläft sie und hat keine Stimme. Eine Freundin, die lange Zeit Altenbetreuerin war und uns am Wochenende zum Essen eingeladen hatte, meinte, dass manchmal Schlaganfälle mit solch einem Ohrenbluten verbunden seien. Und immer wieder denke ich an den Tod. An ihren Tod. Auch an meinen. Immer öfter sagt sie, sie will ihren Stock wegschmeißen, mich erinnert es daran, dass sie den Löffel abgeben will.

In letzter Zeit streiten Julius und ich wieder häufiger. Über ganz dumme Kleinigkeiten. Ich fühle mich sehr schlecht, habe das Gefühl, auf einem emotionalen Minenfeld zu gehen. Die Mutter saugt all unsere Aufmerksamkeit und Zärtlichkeit auf.

Die Eiszeit ist beendet, es sind halt so viele Missverständnisse und Überempfindlichkeiten, was sicher auch mit der Mutterbelastung zu hat.

Heute wieder „Kindergartentag". Ich habe ausfindig gemacht, dass es auch am Land im Altersheim so etwas wie eine Tagesbetreuung gibt. Wir haben vor, sie im Sommer zweimal wöchentlich dorthin zu bringen, wenn wir die Sommerferien dort verbringen. Nächste Woche habe ich einen Gesprächstermin.

Durch kleine Arbeiten verdiene ich mir Zusatzverpflegung, sonst machen wir eine Kohlrübenzeit durch. Ich wiege noch 62 Kilo, zähle also nicht zu den Unterernährtesten. Werden sich unsere Kleinen noch an Vati erinnern können, geht unser Großer zur Schule? Ich habe so Sehnsucht nach ihnen. Und nach Dir, mein Frauchen, hoffentlich hast Du nach allem nicht den Mut verloren und glaubst noch an eine gemeinsame, bessere Zukunft. (Aus einem Brief meines Vaters an meine Mutter aus dem Internierungslager Münster/Hannover, 23. 11. 1945)

Als Mutter abends nach Hause gekommen ist, hat es Tränen gegeben: „Mädchen, damit habe ich ja gar nicht gerechnet, dass du da bist", meinte sie, hat mich umarmt und vor Erleichterung und Glück geweint. Dann ist sie wie ein kleines Vögelchen in ihrem Sessel gesessen und hat gestrahlt. Abends im Bett – wir hatten viel Besuch – hat es wieder Tränen gegeben, weil „niemand von meinen Leuten mehr da ist", wie sie sagte. Wir haben sie dann noch ein Weilchen bei uns und unserem Besuch sitzen lassen, ein Gläschen Rotwein, ein wenig Händetätscheln und Aufmerksamkeit.

Vor ein paar Tagen hat sie zu mir gesagt: „Mädchen, sei mir nicht böse, aber ich werde mich mal auf den Weg machen. Das also war mein Leben." Das berührt mich sehr und ich staune, wie klar sie ihre Lage

erkennt. Letzte Woche hatten wir geglaubt, ihr letztes Stündchen hätte geschlagen, doch sie hat sich wie ein Waschbär wieder aufgerappelt. Auf Anraten des Arztes haben wir seit einigen Tagen die blöde „Lustigpille" weggelassen, er will Mutti dann ohne diesen Stimmungsaufheller begutachten und notfalls ein anderes Medikament verordnen.

Heute sind es auf den Tag genau zwei Jahre her, dass ich Mutti aus Berlin geholt habe. Ist ja alles ganz gut gegangen bis jetzt. Mehr oder weniger.

Im Sommer war Mutter zweimal wöchentlich in der Tagesbetreuung des Altersheims im Waldviertel. Dort hatte ich sie angemeldet. Es kostet im Monat 274,90 Euro. Das heißt, die Preise für die Pflegestufe 1 betragen pro Tag 18,55 Euro und steigern sich bis zur Pflegestufe 7 auf 89 Euro. Mutter zahlt für die österreichische Pflegestufe 3, die der deutschen Pflegestufe 2 entspricht, 27,49 Euro pro Tag. Optimal war das aber nicht, weil wir erstens auf Anraten des Arztes die Medikamente gewechselt hatten und Mutter total unruhig geworden ist. Sie wollte immerfort weg dort, wie ein gefangenes Tier ist sie hin- und hergegangen, wollte nach Hause. Und zweitens haben sie dort keine wirkliche Demenzgruppe, die senilen Alten sitzen in ihren Rollstühlen und nicken und sabbern und schlafen vor sich hin. Sie sitzen dort am Gang, und der Geruch nach abgestandenem Essen, Klo und Desinfektionsmitteln dreht mir den Magen um. Mir haben sie Vorwürfe gemacht, dass Mutter so unruhig ist. „Wir haben das Personal für eine solch intensive Betreuung nicht", sagt die Pflegerin, „ein Glück, dass heute ein Zivildiener da ist und sich mit Ihrer Mutter beschäftigen kann."

Sofort habe ich mich schuldig gefühlt und Partei für meine Mutter ergriffen. „Sie kann doch nichts dafür", habe ich gesagt. Und ich habe mich gefragt, ob sie ihren Frust und ihre Überbelastung vielleicht an Mutter auslassen?

„Mir wächst einmal die Hand aus dem Grabe", sagte meine Mutter zu meiner Schwester, als diese wohl frech war. Oder: „Meine Hand sitzt locker", war eine oft vorgebrachte Ankündigung, dass wir eins hinter die Ohren bekommen, die aber selten von ihr eingelöst wurde. Ich stellte mir vor, wie das ausschaut, wenn eine Hand auf dem Friedhof aus einem Grab wächst:

Mit einem drohenden Finger? Als Blume? Als Faust? Ich stellte mir vor, wie eine lockere Hand ausschaut: Wie ein wedelnder Hundeschweif? Wie ein davonfliegender Vogel? Wie ein Staubwedel? Wenn meine Schwester und ich bei diesen Vorstellungen lachen mussten, wurde meine Mutter sehr wütend – sie könnte „tücksch" werden, so nannte sie das.

Heute Morgen ist Mutter ganz unwillig ins Auto gestiegen und hat traurig geschaut, als ich sie im Altersheim abgeliefert habe. Dieser Blick beim Weggehen schneidet ins Herz. Und trotzdem: Wir haben etwas frei, können uns auf uns selbst besinnen. Als wir sie nachmittags abgeholt haben, hat sie gestrahlt: „Na sag mal, so eine Überraschung, woher hast du denn gewusst, dass ich hier bin?" Dann hat sie beim Autofahren mein Knie gestreichelt und selig gelächelt.

Nun sitzt sie abends mit uns vor dem Haus in der Sonne und rügt wieder einmal die Kondensstreifen der Flugzeuge am Himmel: „Die machen da oben schon wieder rum", sagt sie, „da wollen wir mal einen saufen." Also holen wir eine Flasche Rotwein und genießen den lauen Sommerabend.

So lange habe ich nichts geschrieben, im Sommer hatte ich keine Zeit und auch keine Lust, es gab ja auch nichts Besonderes. Außer: Schwester und Schwager waren mit ihren zwei Enkelkindern im Waldviertel und haben Mutter 14 Tage lang gehütet. Dem Schwager ging es schlecht, Asthma, Allergien, der Schwester ist's auch nicht so bekommen, kranke Kinder, kranker Mann und senile Mutter.

Aber uns ist es sehr gut gegangen. Wir haben in Schwester und Schwagers Haus in Bad Godesberg gewohnt und ihr Auto benutzt, das sie am Flughafen Köln stehengelassen haben, wir überließen ihnen dafür unser Auto hier in Wien. Also waren wir zuerst in Bonn, in Köln, dann in Koblenz und Trier, dort haben wir an der Mosel in der Ferienwohnung von den beiden geurlaubt. Schön war es, erholsam, endlich Zeit für uns.

In Trier hatten wir ein Erlebnis der besonderen Art: Tausende Jugendliche aller Haar- und Hautfarben waren in der Stadt, sie posierten vor der Porta Nigra für ein eindrucksvolles Erinnerungsfoto. Ihr Erkennungszeichen: hellblauer Rucksack und Aufkleber mit schwungvollem Kreuz, Symbol des katholischen Weltjugendtages. Ebenso in Koblenz,

Bonn und natürlich in Köln, dem Hauptveranstaltungsort, an dem sich ungefähr eine Million (Berufs-) Jugendliche versammelt hatten für den Empfang von Papst Benedikt XVI.

Ungläubig – im wahrsten Sinn des Wortes – habe ich mir die jugendlichen und auch älteren Gesichter angeschaut, die das Bild entlang von Rhein und Mosel prägten: Was bewegt die Leute zu dieser gläubigen Massenpilgerei? Das Gleiche hatten wir doch kürzlich in Rom, als der vorletzte Papst verblichen war und das neue deutsche Kirchenoberhaupt angelobt wurde – auch da betende Menschenmassen. Was bringt die Jugendlichen dazu, alte, verzopfte Männer, die sich in reich verzierte Frauengewänder hüllen, anzuhimmeln? „Wir sind Papst" titelte die Bild-Zeitung damals in Rom. Heute wohl müsste sie schlagzeilen: „Köln ist Rom". Ich behaupte einmal, dass die jugendlichen Massenströme nichts oder nur wenig mit dem katholischen Zeremonienmeister und seiner Weltsicht zu tun haben. Er ist allenfalls Zugpferd und Anlass. Die Jugend würde ebenso zu einem Fußballstadion pilgern, zu einem Popkonzert oder einer anderen Massenveranstaltung, wenn nur die Möglichkeit besteht, ein „Wir"-Gefühl zu entwickeln und Begegnung zu erleben. Da meinte eine Betreuerin in Köln, dass die Schlafsäle der Turnhalle gemischtgeschlechtlich belegt seien, sie aber keine Kondome verteilen würden, denn die Jugendlichen würden sich schon selbst zu helfen wissen bei dieser Art Begegnung. Eine Gratwanderung also zwischen dogmatischer Kirchenlehre, wie sie von Benedikt XVI. vertreten wird (Verbot von Kondomen), und jugendlichem Begehren. Laut Umfrage des deutschen Meinungsforschungsinstituts TNS Infratest glauben zwar zwei Drittel der Befragten an ein höheres Wesen, doch viele denken an einen Gott, der mit dem Christentum nichts mehr zu tun hat. Das Christentum ist nur noch kultureller Hintergrund, auf dem sich viele ihren Patchwork-Glauben zurechtbasteln. Sich auf das christliche Abendland zu beziehen, bedeutet nur noch „Abgrenzung zum Islam", sagt der Werteforscher Gensicke im „Spiegel". „Dabei berufen sich die Deutschen auf etwas, das sie nicht kennen und dessen Verbindlichkeiten sie nicht gutheißen würden."

Und so verwunderte es mich nicht wirklich, als in Trier, der Geburtsstadt von Karl Marx, auf einer Bühne zum Weltjugendtag Texte von Karl Marx rezitiert wurden, die bestechend scharf zur heutigen ökonomischen Situation des globalisierten kapitalistischen Wahnsinns passen: In einem Zwiegespräch mit dem Theologen Nell-Breuning, der 1890 ebenfalls in

Trier geboren und maßgeblich an der Entwicklung der Katholischen Soziallehre beteiligt war, setzte sich Marx kritisch mit der idealistischen Kirchensicht zur Weltveränderung auseinander. Leider war die Zuhörermenge verschwindend klein. Die meisten Jugendlichen saßen Eis schleckend und Adressen austauschend vor der Porta Nigra oder lagen schlafend auf ihren Isomatten, um fit für die Nacht zu sein. Trotz der leeren Bänke machte diese Vorführung deutlich, dass es zwischen Marxismus und Christentum gemeinsame Anliegen geben könnte: Die Welt gerechter und sozialer zu gestalten.

Seit Ferienende sind wir wieder in Wien. Heute war ich über eine Stunde im Botanischen Garten mit Muttter spazieren. Das Sprechen geht kaum noch, sie beherrscht die Begriffe nicht mehr, redet irgendwas daher, aber ich weiß meistens, was sie sagen will. Danach, wieder zu Hause, habe ich mit ihr herumgealbert, Fangspiele mit den Fingern gespielt und plötzlich hat sie einen unglaublichen Redefluss entwickelt, ein Kauderwelsch, kein Wort war zu verstehen, als würde sie in einer fremden Sprache mit mir reden. Sie sah ganz glücklich dabei aus und hat meine Hand gestreichelt.

Ein schöner, sonniger Herbsttag. Julius hat frei, und wir sind mit Mutter zum Neusiedler See gefahren, dort spazieren gegangen, haben im Seerestaurant gegessen und die Storchennester auf den Rauchfängen bewundert. Nun ruhen beide. Abends wollen wir ins Kino. Mittwoch ist.

Als Kind konnte ich im Traum fliegen. Immer dann, wenn mir Gefahr drohte, breitete ich meine Arme wie ein Vogel aus und stieg, kräftig rudernd, höher und höher in den Himmel. An meine Beine hängten sich Schwester, Brüder, Eltern, Tanten, Oma, die Last wurde immer schwerer, aber immer schaffte ich es mit meinen kräftigen Armbewegungen, alle zu retten vor dem blutig-roten Maul des Wolfes, der von unten nach uns schnappte.

Nachmittags ist Mutter meist ungehalten, unwirsch, rennt wie eine Diesellok in der Wohnung hin und her. Dann nimmt Julius ihren Stock und kitzelt sie am Hals, „na du alte Schabracke, was ist los“, ärgert er sie, und sie wird fuchsteufelswild. „Lass das“, sagt sie, „geh weg“, „hau ab“, dann fallen ihr alle möglichen erfundenen Schimpfworte ein, „du Arschloch“, kommt plötzlich klar formuliert. Sie fletscht die Zähne, „ich hau dir eine runter“, „komm du mir mal nach Hause“, und Julius stichelt sie, setzt die Brille ab, „na, hau doch hin, traust dich nicht“, und sie: „Du wirst dich wundern.“

So geht das zwischen den beiden ein Weilchen hin und her – mein Mann wird immer lästiger, und sie wird immer wütender. Sie fletscht die Zähne, zieht an ihrem Krückstock, „meiner“, sagt sie, „gib her“, er lässt aber nicht los, und sie droht ihm mit der Faust. „Du alter, du Scheuersack“, schimpft sie, „das sag ich meiner Mutter. Gleich hau ich dir eine runter.“ Er nimmt die Brille ab und sagt: „Na, hau mich doch“, und sie macht Anstalten, es zu tun, es wird aber nur ein Streicheln. Und er jammert „au, au, au“, und sie schaut triumphierend zu ihm auf. Schließlich turtelt mein Mann mit ihr, deutet Küsschen an, gibt ihr den Stock, und Mutter fängt herzlich zu lachen an. „Na mein Kleiner“, sagt sie, „wir verstehen uns doch.“ Dann erhebt sie sich mühsam und wankt auf ihn zu, er nimmt sie in die Arme, wiegt sie sanft ein wenig hin und her, und sie, die kleine, zerbrechliche Frau, schmiegt sich an den großen, fülligen Mann. Ein solcher Abend verspricht Ausgeglichenheit und Heiterkeit für uns alle.

„Jemanden zu validieren bedeutet, seine Gefühle anerkennen, ihm zu sagen, dass seine Gefühle wahr sind. Das Ablehnen von Gefühlen verunsichert den anderen. In der Methode der Validation verwendet man Einfühlungsvermögen, um in die innere Erlebniswelt der sehr alten, desorientierten Person vorzudringen. Einfühlungsvermögen – ‚in den Schuhen des anderen gehen‘ – schafft Vertrauen. Vertrauen schafft Sicherheit, Sicherheit verschafft Stärke – Stärke stellt das Selbstwertgefühl wieder her, Selbstwertgefühl verringert Stress.“ (1*)

Mutter hat das Klo vollgemacht. Sie schafft es zunehmend weniger, sich selbst abzuwischen. Um halb drei Uhr nachts saß sie mit nassem Nachthemd und vollgepinkelter Unterhose im Vorzimmer auf dem Sessel. Das passiert jetzt immer öfter, dass sie nachts mit nassen Sachen dort rumsitzt wie ein Flüchtlingskind und ich sie umziehen und alles aufwischen muss.

Wir schauen mehrmals, ob sie im Bett ist, mal Julius, mal ich, manchmal beide drei- bis viermal.

Vor der Operation haben mich meine Schmerzen nicht schlafen lassen, jetzt ist es Mutter. Aber sie kann ja nichts dafür, ihr ist das peinlich und sie schämt sich. Ich nehme sie in die Arme und tröste sie, und sie ist jedes Mal so dankbar, wenn sie wieder trocken im warmen Bett liegt. Ich möchte ihr aber noch nicht die Dreiliterwindeln zumuten, sonst verlernt sie das selbstständige Klogehen vollständig. Ich habe Hosen mit einer Gummieinlage für die Nacht besorgt.

Abends auch immer das gleiche Ritual: „Nimm mal deine Zähne raus", sag ich zu ihr, wenn wir im Badezimmer die Nachtwäsche machen. „Meine Zähne? Ja wo sind denn die? Hab doch jar keene. Nee, krieg ich nich raus." Nach langem Hin und Her schafft sie es meist, und ich putze sie ihr mit der elektrischen Zahnbürste. „Ich bin ein alter Schwimmerlappen", sagt sie, „wenn ich's machen könnte, würde ich's ja machen." Ach ja, ich weiß.

So lange wie möglich versuche ich, dass sie sich ihre Zahnprothesen selbst hineingibt. Am Anfang hat mir sehr geekelt vor dieser Zahnprozedur, ich hab die Prothesen nur mit spitzen Fingern angreifen können, aber irgendwie wächst der Mensch an seinen Aufgaben.

Sie schafft es nun nicht mehr, über den Badewannenrand zu steigen. Aber zum Glück haben wir eine separate Dusche, in die ich einen Plastiksessel gestellt habe, auf dem sie bequem sitzen kann. Julius hat Haltegriffe montiert, an denen sie sich festhalten kann, wenn sie in die Duschtasse steigt. So funktioniert es ganz gut.

In der Dachmansardenwohnung in der Postsiedlung haben meine Geschwister und ich im Kinderzimmer mit der Puppe Benjamin, die meine Mutter aus Lumpen genäht hatte, Zuwerfen gespielt. Weil die Wohnung so kalt und zugig war, hat meine Mutter uns einen Eimer ins Zimmer gestellt für das kleine Geschäft, damit wir uns auf dem Weg über den langen Gang zur Toilette nicht verkühlen. Einmal ist der Benjamin dort drin in dem halbvollen Eimer gelandet, und seitdem war das für uns die Pinkelpuppe.

Die Zeit fliegt. Mir fliegt alles unter den Fingern davon, obwohl ich doch so viel Zeit habe, seit ich in Pension bin. Richtig zum Schreiben komme ich nicht, immer am Sprung, ob Mutter aufsteht oder etwas braucht.
Sie ist wieder in ihrer Caritas-Gruppe, ich lasse mich massieren, weil mir meine Schultern wehtun. Auch Julius ist seit Wochen angeschlagen, hat sich wegen seinem Rücken Spritzen geben lassen, irgendwas schleppen wir herum. Abends kommen wie gewohnt Enkel und Tochter, das ist immer eine sehr schöne Abwechslung in unserem eintönigen Leben. Und morgen geht's wieder aufs Land.

Am Wochenende ist Mutter mir gehörig auf die Nerven gegangen. Immer, wenn ich etwas arbeite – am Wochenende etwa im Garten – und ich mich nicht mit ihr beschäftige, wird sie lästig. Dann hat sie noch in die Hosen gemacht, als wir schon im Abfahrtsstress waren, so als tue sie das absichtlich, weil ich mich nicht ausgiebig mit ihr befasse, und da ist mir der Geduldsfaden gerissen.

Ich habe geschimpft, dass ich nicht ständig mit ihr herumtun kann, dass sie die blöden Einlagen nicht immer rausgeben soll, weil's sonst in die Hosen geht und ich sie wieder total umziehen muss usw. Da schaut sie mich treuherzig an und sagt: „Warum schimpfst du denn? Du musst ein bisschen lieb sein. Ich mache doch alles." Da hab ich sie in die Arme genommen. Und habe mich schlecht gefühlt, ich hätte heulen können. Sie kann ja nichts dafür, und recht hat sie.

Manchmal ist in den Zeitungen von Aggressionen gegen alte Menschen zu lesen. Das erschreckt mich jedes Mal. Aber ich kann es auch irgendwie verstehen.

Liebes Frauchen! Ja, warm haben wir's gottseidank, obwohl wir uns das Holz auch zusammenklauen müssen, aber wenn jeder der 20 Bewohner unserer Stube nur immer ein Stück mitbringt, dann reichts schon. Am Vormittag habe ich im Lager gearbeitet, ich hätte ja eigentlich genug andere Sachen zu tun, aber es dreht sich ja auch hier immer wieder um die Fresserei, deswegen lässt man sich den Hintern einfrieren auf offenen Lastwagen, deswegen schleppt man schwere Kisten und bricht beinahe dabei auseinander, nur um am Abend zwei Bissen mehr kauen zu kön-

nen. (Aus einem Brief meines Vaters an meine Mutter aus dem Internierungslager Münster/Hannover, 23. 11. 1945)

ꙮ.ꙮ

„Ich möchte weggehen", hat Mutter gestern in ihrer üblichen nachmittäglichen Unruhe gesagt. Wohin denn, habe ich sie gefragt. „Irgendwohin", sagt sie, „wo ich wen Bekannten treffe." Und wen? „Meinen Mann", meinte sie, „Hans, der ist ein guter Mann." Ich habe Fotos von ihm geholt und ihr Hörgerät, und dann haben wir über Hans gesprochen. „Mein Geliebter ist das", hat sie gesagt. Ich habe ihr etwas erzählt über ihn, und sie war irgendwie glücklich.

Nachts wird es immer anstrengender mit ihr. Heute waren wir fünfmal auf, um sie einzufangen und wieder ins Bett zu bringen, ich habe sie umziehen müssen, weil sie sich nassgepinkelt hat. Sie sitzt dann im Vorzimmer auf dem Sessel und weiß nicht, was los ist. Schaut verloren und starr vor sich hin. Es ist schon erschütternd – ihre Beschränktheit in allen Dingen, sie ist eine Verlorene. Und dann wieder ist sie unverhofft ganz helle, liefert sich Krückstock-Schlachten mit Julius, haut ihm auf den Hintern und schimpft: „Komm du mir mal nach Hause" und „leck mich am Arsch." Dann fletscht sie die Zähne, rollt mit den Augen, und als wenn die Synapsen Anschluss gefunden haben, lacht sie nach einiger Zeit und ist ziemlich klar im Kopf.

ꙮ.ꙮ

Mit unserer Gesundheit ist es nicht so weit her. Ich war vergangenes Wochenende in der Augenambulanz, ein Netzhautloch wurde weggelasert. Fühle mich seit Wochen schlapp, Glieder- und Schulterschmerzen und seit neuestem auch Kopfschmerzen. Julius ebenso, alles tut ihm weh, nun hat er sein Blut untersuchen lassen und einen Termin in der Rheumaambulanz bekommen. Ist es die Anspannung mit Mutter, die uns so schlaucht? Es wird ja nun schon das dritte Weihnachten, das wir mit ihr feiern. Nächste Woche fahren wir zu Freunden nach Hamburg, hoffentlich machen wir da nicht schlapp, sondern erholen uns ein wenig.

Mutter war wieder in der Tagesbetreuung, ich glaube, es tut ihr gut, obwohl sie keine Erinnerung hat. Sie baut jetzt rapide ab, weiß oft nicht, wie sie essen soll, findet mit dem Löffel ihren Mund nicht mehr. Auch mit dem Klogehen wird es schlimmer, nun muss ich sie auch beim großen Geschäft sauber machen, weil sie es nicht mehr kann.

ꟸ.ꟸ

Morgen kommen Schwägerin Milica und Bruder Joachim zum Mutterhüten, und wir sind eine Woche in Hamburg. Mutti wird immer kleiner, leiser, ihre Demenz verschlechtert sich. Aber manchmal sagt sie komische Sachen, dass man lachen muss: „Ich danke dir für die Tränen, die ich hier verbrauchen darf", sagte sie zu mir. Oder: „Ich geh auch schon schlafen, musst du deine Laterne noch suchen?" Neuerdings fragt sie immer öfter nach Vater – „wo ist denn eigentlich mein Mann?"

Ich werde überhaupt vollkommen umlernen müssen, wenn ich wieder in Eurem Kreis aufgenommen werden will. Ich mache mir Hoffnung, doch bald nach Hause gehen zu können, bin aber aus Prinzip pessimistisch und bitte Dich, es vorsichtshalber auch zu sein, besser ist, wenn ich plötzlich bei Dir bin. Gestern habe ich mir ein Hemd gekauft, ein schönes dickes für 20 Mark, ich brauchte es nötig. Wir kriegen neuerdings monatlich 36 Mark Löhnung, wo man hier für ein Kommisbrot bis 30 Mark bezahlt. (Aus einem Brief meines Vaters an meine Mutter aus dem Internierungslager Münster/Hannover, 23. 11. 1945)

ꟸ.ꟸ

Hamburg hat uns gut getan. Wir haben viel gesehen, sind freundlich aufgenommen und bewirtet worden von unseren Freunden. Schönstes Herbstwetter, wir konnten an der Alster im Freien in der Sonne sitzen.

Nun wieder Alltag. Mutter ist heute im Tagesheim, das sind Lichtblicke, diese freien Stunden. Ich werde versuchen, ob sie nicht auch mittwochs dort genommen wird, das wären drei Tage Außerhausbetreuung.

Am Wochenende waren wir am Land, da hat sie wieder so komische Sachen gesagt und unsere Gäste unterhalten. „Ich kann doch nicht dauernd heulen", erwiderte sie, als ich gefragt habe, warum sie plötzlich so lustig ist. Und dann: „Hau ab", und ich: „Warum?" Sie: „Weil du mich verwandelt hast."

ꟸ.ꟸ

Inzwischen ist Mutter auch mittwochs in der Tagesbetreuung. Das ist eine Erleichterung, drei Tage in der Woche etwas Freiraum! Sie geht gerne hin und kommt ebenso gerne wieder zurück. Neulich beim „Elternabend" habe ich den Heimleiter gefragt, was sie denn den ganzen Tag machen mit den Alten, Mutter würde immer so aufgeräumt und fröhlich heimkommen. „Kann ich schon sagen, was wir machen", meint er. „Gestern zum Beispiel Kegeln, das hat Ihrer Mutter Spaß gemacht, da nimmt sie plötzlich ihre Zähne aus dem Mund und schießt sie auf die Kegelbahn." Anscheinend hat sie gesehen, dass sich manche Leute in die Hände spucken, wenn die Kegel geschoben werden.

Was tun sie sonst noch? Gemüse putzen und kochen, Gedächtnistraining, Töpfern, Rhythmik, Musik, spazieren gehen. Es scheint ihr alles zu taugen und sie ist jedes Mal ganz ausgeglichen nach so einem Tag.

Das Wochenende über waren wir wieder im Waldviertel mit ihr. Für uns ist es eine Abwechslung und wir können zumindest nach dem Frühstück, wenn sie schläft, ein Stündchen zusammen spazieren gehen. Neulich hat Mutter zu Julius gesagt: „Du alter Ladentisch." Und als er draußen die Beete umgegraben hat: „Na, der Chef, der schuftet ganz schön." Und zu der Schnur, die Julius in der Hand hält: „Guck mal, der hat ein Mikomor." Als ich sie abends ins Bett gebracht habe, hat sie mich spontan umarmt und geküsst und hat gesagt: „Ich bin ja so froh, dass ich euch habe."

Heute war Waschtag – duschen, Haare waschen, Nägel schneiden, Körperpflege. Jetzt liegt sie blass und klein und zerbrechlich auf dem Sofa und schläft mit offenem Mund. Manchmal denke ich, es ist das Ende, wenn sie so daliegt.

Ich taste mich schreibend an die Außenwelt heran, ein kurzer Kommentar für die Zeitung nach den Nachrichten:

„Die jugendlichen Ausschreitungen in den Pariser Vororten, von denen heute die Medien berichten, sind ein Symbol für den Zustand einer entsolidarisierten Wertegemeinschaft, in der Raubzüge im Namen von Freiheit und Menschenrechten ungestraft geführt werden. Wie im Reagenzglas erkennen wir, dass im globalisierten Weltmaßstab die steigende Kluft zwischen Arm und Reich nicht durch das Aufrichten von Mauern und Stacheldraht oder durch Gettoisierung sog. Modernisierungsverlierer unsichtbar gemacht werden kann. Die zu kurz Gekommenen in der Welt des unverschämten Reichtums verlangen ihren Anteil am Wohlstand. Und sie haben die Lektion gelernt: Nicht Worte, sondern Taten erregen Aufmerksamkeit. Auch wenn die Taten politisch nicht korrekt sind. Doch was zählt schon Political Correctness in einer Welt von Gewalt und Aggression? Auch wenn der jugendliche Zorn keiner politischen Farbe oder Logik folgt und die Beteiligten als Mob, Gesindel und Chaoten, schlimmer noch, als Kanaken beschimpft werden – das organische Gespür für Ungerechtigkeit macht ihn politisch. Die Benachteiligten klopfen nicht mehr höflich an, sondern schlagen die Türe ein. Über kurz oder lang auch bei uns. Das Ende aller Sicherheiten hat begonnen und wirbelt Moral und Anstand durcheinander. Oder anders, frei nach Brecht: Nicht das Ausrauben einer Bank ist ein Verbrechen, sondern das Besitzen einer Bank."

Heute hat Mutter mit sorgenvoller Stimme gefragt: „Wo ist denn eigentlich der Große?" Zwei Jahre ist es her, seit mein ältester Bruder und seine Frau zu einer Stippvisite nach Wien kamen. Seither kein Lebenszeichen.

Mein großer Bruder war ein absoluter Jazzfan. Durch ihn lernte ich Dave Brubeck, Louis Armstrong, Duke Ellington, Count Basie, Miles Davis und wie sie alle hießen, lieben. Er hatte so kleine Singles, die er auf dem von seinem ersten Lehrlingslohn gekauften Plattenspieler abhörte. Das dudelte den ganzen Tag so vor sich hin – er mit seiner Elvis-Locke, die er mit einem Handkantenschlag in Form brachte – hörte die „Hottentottenmusik", wie meine Mutter sich ständig beschwerte. Und mein Vater, Liebhaber der klassischen Musik, drehte Beethovens Fünfte voll auf. Kein Wunder, dass meine Mutter schwerhörig wurde.

Meinem großen Bruder habe ich gemailt:

„Nun kommt schon das dritte Weihnachtsfest, das Mutter bei uns feiert. Und vor genau zwei Jahren hast Du sie das letzte Mal gesehen. Heute hat Mutti aus heiterem Himmel gefragt: ‚Wo ist denn eigentlich Peter? Warum kommt er nicht?' Das hat mich sehr gerührt, dass in ihrem alten Hirn doch noch so viel an Erinnerung vorhanden und nicht alles ausgelöscht ist. Ich habe mir gedacht, dass es für sie sicher eine große Freude wäre, wenn Du sie noch einmal besuchen würdest, bevor sie auf ihre letzte große Reise geht. Wann das sein wird, weiß ja niemand, und manchmal, so wie heute, schaut es so aus, als sei dies nicht mehr so fern. Vielleicht stirbt sie ja auch ruhiger, wenn sie alle ihre Kinder, die sie sehr lieb hat, noch einmal sieht. Mutti hält sich tapfer und trägt ihr Alter wirklich mit großer Würde. Irgendwie hat sie es verdient, sich von ihren Lieben verabschieden zu können. Und da es ja nicht drängt, denn es geht ihr akut nicht schlechter, nur heute ist sie sehr schwach, schreibe ich Dir rechtzeitig, damit Du Dir alles durch den Kopf gehen lassen kannst. Wir werden zu Weihnachten und Silvester mit Mutti im Waldviertel sein. Ich wünsche euch schöne Feiertage."

Er hat seinen Besuch für Januar angekündigt.

Heute Morgen stand Mutter splitternackt im Flur, eine Pinkelspur zog sich durch Küche und Klo und ich tappte nichts ahnend hinein. Die Arme, hoffentlich hat sie sich nicht verkühlt.

Aus dem „Kindergarten" zurück, war sie guter Laune. Die Kürbissuppe hat ihr geschmeckt. Es ist rührend, wenn sie einen mit so großen, treuherzigen Augen anschaut, sich auf die Brust klopft und sagt, „meckt gut", so als müsse sie uns davon überzeugen. Nun schläft sie selig.

Morgen ist Kinderessen bei uns. Alle Kinder-, Enkel-, Schwiegerkinder kommen und wir freuen uns, haben schon kleine Geschenke besorgt. Wir kochen eine Paella mit Scampi, Lachs, Huhn und Muscheln, davor gibt es Paprika, Melanzani, Zucchini gebraten mit Zaziki und danach Topfentorte, die gerade im Ofen backt.

Vor vier Tagen hätte mein Vater Geburtstag gehabt. Wir werden ein Gläschen auf ihn heben.

Mutter ist in der Tagesbetreuung, und ich genieße zunehmend die drei freien Tage pro Woche. Am Freitag war ich mit ihr beim Friseur, sie bekam eine neue Dauerwelle.

Das war lustig, sie hat den ganzen Laden zum Lachen gebracht, sie ist ja manchmal so komisch, diese hübsche, kleine Person: Mit ihrer schwarzen Haube hat sie sowieso doof ausgeschaut, aber dann hat sie mit ihrem

Spiegelbild kokettiert, hat Kusshändchen in den Spiegel geschickt. Sie dachte wohl, es sitzt noch jemand neben ihr. Als die erwartete Antwort nicht kam, hat sie mit der Faust gedroht, und dann wollte sie sich im Spiegel immer die Hand geben. Ist gegen den Spiegel gestoßen, Verwunderung, als es nicht weiterging und kein Echo aus dem Spiegel kam, nur ihr schönes, altes, faltiges Gesicht hat mit der neuen Frisur herausgeschaut. „Na dann eben nich", meinte sie, als ihr Abbild keine Anstalten machte, ihr zu antworten. Schließlich hat sie ihrem Konterfei Bonbons angeboten, hat sich halb tot gelacht, weil ihr Spiegelbild immer Fratzen geschnitten hat, die ja die ihren waren. Das ging so eine ganze Zeit hin und her zwischen Mutter und Mutter, es muss komisch sein, sich selbst als Fremde gegenüberzustehen. Ist die Distanz nicht manchmal angebracht? Neben sich zu treten und sich fremd anzuschauen?

Nun sieht sie wieder hübsch aus, unsere Mutter. Wenn ich koche, sagt sie manchmal: „Hmm, dit riecht jut, dit haste fein jemacht." Wenn ich mich für den Besuch schön mache und Lippenstift auftrage, sagt sie: „Sehr hübsch" und lächelt mich strahlend an.

Vor ein paar Tagen habe ich Tischfußball mit ihr gespielt, da ist sie ganz geschickt und hat einen Heidenspaß dabei. Sie kneift die Augen zusammen, bückt sich auf den Tisch und schnalzt mit dem Finger das Papierbällchen quer zu mir herüber. Ich schieße zurück und sie fängt den Ball, strahlt und hält ihn fest an ihre Brust gedrückt. „Meiner", sagt sie.

Ihr habt euch einen feierlichen Moment gemacht zu meinem Geburtstag, wie Du schreibst, welch großer Anlass! Bei Kuchen und Bohnenkaffee, mit brennenden Kerzen und Vatis Bild, ach Liebling, was meinst Du, wie mir ums Herz ist, wenn ich das lese, und vor allem, wenn Du mir von unseren Kindern berichtest. Ich kann sie mir kaum vorstellen und muss immer erst lange rechnen, wenn ich sagen soll, wie alt sie sind. Jetzt ist die Hauptsache, dass alle körperlich intakt sind. Wenn Du von Pausbacken und dicken Bäuchlein erzählst, bin ich so glücklich, ich stellte sie mir schon als Knochengerüste vor, wie ich sie auf Abbildungen sah. (Aus einem Brief meines Vaters an meine Mutter aus dem Internierungslager Münster/Hannover, 10. 12. 1945)

Mutter und ich waren bei der Weihnachtsfeier in der Tagesbetreuung. Ich habe sie begleitet und es war tragikomisch, diese alten, behinderten Menschen zu sehen und ihre Freude an solch einer Veranstaltung zu spüren.

Alle sitzen sie an langen Tischen und lassen sich Kaffee, Kuchen, Kekse schmecken. „So aane Stimme, so aane Stimme", ruft die Dame neben mir laut, während zwei rührend-hübsche junge Mädchen ihr feierliches Gezirpe von Bach über Wiener-Lieder bis Strauß herunterzwitschern. Ein Mann klatscht, kaum haben die beiden die ersten Töne von sich gegeben, und ruft laut: „Zugabe, Zugabe!" Wieder einer hört gar nicht erst auf zu klatschen, während ein anderer ruhelos wie ein Tiger um die beiden Sängerinnen schleicht. Die beiden jungen Damen im schulterfreien Abendkleid lassen sich nicht beirren und singen, was das Zeug hält.

Mutter hört die Engelszungen nicht, sie füttert derweil ihren Nachbarn mit Weihnachtskeksen. Seine Begleitperson – ist es die Mutter oder ist es die Frau? Das ist nicht auszumachen – nimmt ihm die Kekse wieder weg, er darf nicht so viel Süßes essen, meint sie. Mutter zuckt die Achseln und reicht ihm unter dem Tischtuch neue zu. „Da, nimm nur, iss nur", sagt sie zu dem Alten, und der lächelt sie aus zahnlosem Mund an.

Mit den Enkelkindern habe ich wieder Kekse gebacken. Mutter hat den Teig ausgestochen, aber so richtig Spaß hat es ihr nicht gemacht. Sie ist eifersüchtig auf die beiden Kleinen und sagt „weg, weg" zu ihnen. Die Jüngere schmust sich an ihre Uroma heran, und die dreht trotzig den Kopf weg. Auch Tati gibt nicht auf, fängt an, Fratzen zu schneiden. „Sehr schön", sagt Mutter beleidigt und streckt ihr die Zunge raus. Kathi macht ihr vor, wie ein Affe ausschaut, dicke Unterlippe, hängende Triefaugen, Kratzen unter den Achseln und fiepende Geräusche, während sie auf und ab hupft – und plötzlich muss Mutter herzlich lachen. „Ach Omsch", sagt Kathi, „du bist ja so lieb."

Eine Gemütlichkeit kann es ja bei uns hier nicht geben, Du kannst Dir vorstellen, was los ist, wenn 20 Mann in der engen Bude durcheinander kriechen, wenn Du mir da von unserer gemütlichen Wohnung schreibst, möchte ich am liebsten abhauen, das vermisse ich ja nun schon seit Jahren. Gestern Abend, wir waren vom Kintopp zurück, „Romanze in Moll" gabs, haben wir unseren Adventkranz mit zwei Hindenburglichtern geschmückt, ich konnte eine vom Tommy geschenkte Zigarette rauchen, und einen Moment lang war es dadurch beinahe feierlich bei uns. (Aus einem Brief meines Vaters an meine Mutter aus dem Internierungslager Münster/Hannover, 10. 12. 1945)

Ich sinniere, was mit den vielen Alten, die in den Straßen zu sehen sind, passiert. Manche schlurfen, starr vor sich hinblickend, über die Gehsteige, die Einkaufstaschen baumeln an ihren Handgelenken und beinhalten wenige Lebensmittel. Sie gehen wohl täglich ins Geschäft, um nicht so schwer zu schleppen. Oder sie zerren den „Hackenmercedes" hinter sich her, welch praktische und endlich einmal altenfreundliche Erfindung! Wer versorgt sie, wie leben sie? Wer öffnet ihnen die Einsiedegläser, die Konservendosen und Mineralwasserflaschen? Wer entziffert für sie das Kleingedruckte? Ich versuche an den Gesichtern abzulesen, ob sie leiden, ob sie glücklich sind, ängstlich oder abgeklärt. Ich habe, seit ich Mutter versorge, einen anderen Blick für alte Menschen. Doch die steinernen, grauen Gesichter geben wenig Auskunft. Verschlossen wie ein Tresor.

Nur einmal begegnete mir ein Paar, sicher jenseits der 80, die hielten Händchen, umarmten und küssten sich. Siehst du, habe ich mir gedacht, auch das ist noch möglich, und ich war in dem Moment sicher, dass mein Mann und ich später genau so durch die Straßen ziehen würden.

Weihnachten waren wir im Waldviertel. Mit den Enkelkindern und mit Mutter sind wir in den Wald gegangen und haben einen Christbaum abgesägt. Julius hat ihn in den Christbaumständer eingepasst, und wir haben ihn im Wohnzimmer aufgestellt. Ich habe den Christbaumschmuck hervorgekramt und Mutter gebeten, all die Fäden und Aufhänger zu ordnen. Aber das schafft sie nicht mehr. Also setze ich sie neben den Christbaum und frage bei jeder Kugel, wo ich sie hinhängen soll. Sie freut sich über jede einzelne, die am Baum glitzert.

Streit mit Julius über absolut unwichtige Dinge, zum Beispiel, ob die Kinder pünktlich zum Essen kommen. Oder ob zuerst die Geschenke ausgepackt werden und dann gegessen wird, oder umgekehrt. Es zeigt, dass unsere Nerven mehr blank liegen, als wir es wahrhaben wollen. Und es kommt typischerweise immer dann heraus, wenn etwas mehr Luft für Auseinandersetzungen ist, zum Beispiel an den Weihnachtsfeiertagen.

Die Streitereien zehren, obwohl wir ja meist nicht miteinander streiten, aber diese unsinnigen Auseinandersetzungen wegen nichts und wieder nichts häufen sich doch. Ich habe das Gefühl, es geht meinem Mann nicht gut, und ich überlege, ob wir den belastenden Alltag ändern können. Aber was? Aber wie? Natürlich vertragen wir uns immer wieder und reden miteinander, wobei mein lieber Mann meist den ersten Schritt macht. Die Belastungen, unter denen wir leben, sind wohl nur erträglich bei großer Liebe.

Mit gemischten Gefühlen gehe ich in das neue Jahr.

2006

Gestern Abend, da war ja Silvester, ging's bei uns ruhig zu. Obwohl wir genug zum Trinken hatten, lagen wir alle schon um acht im Kahn, es hatte keiner so echt Lust zum Feiern. Wir haben ja auch keinen Grund, das neue Jahr besonders freudig zu begrüßen, wir wissen, dass uns noch viel Schweres bevorsteht. Wir hoffen, dass im neuen Jahr der ganze Zauber endlich ein Ende hat, und mit dem Gedanken an Dich und die Kinder, und mit der schönen Hoffnung, Dich doch nun bald mal wiederzusehen, bin ich eingeschlafen und habe Silvester Silvester sein lassen. (Aus einem Brief meines Vaters an meine Mutter von der Front in Italien, 2. 1. 1945)

So viel Schnee! Die Feiertage und Silvester waren sehr schön dort draußen in der einsamen Waldviertelstille, sonnig, kalt. Viele Spaziergänge, ich kann wieder länger gehen und freue mich darüber. Auch unsere kleinlichen Streitereien haben sich in der Ruhe dort verflüchtigt, wir haben uns auf uns besinnen können. Nun muss Julius wieder arbeiten, sein letztes Arbeitsjahr in Altersteilzeit. Ab Herbst ist er in Pension. Dann werden wir unsere Pläne fürs Alter neu schmieden.

Mein großer Bruder hat sich angemeldet, um Mutter zu besuchen. Na, mal sehen, was das wird.

Mit Mutter ist es manchmal nicht ganz leicht, ihre stimmungsmäßigen Aufs und Abs muss ich wie ein Müllschlucker schlucken. Als ich sie heute geweckt habe, meinte sie: „Wie schön, darf ich hier bleiben? Ich habe dich lieb." Da war ich gleich gut gelaunt. Und mittags – ich habe extra für sie gekocht – sitzt sie am Tisch und schiebt beleidigt ihren Teller weg, sagt angeekelt „nein". Dann bekommt sie einen ganz schmalen Mund und ist auf irgendetwas stinksauer, aus heiterem Himmel. Keine Ahnung, was sie hat. Insgesamt hab ich ihr dreimal das Essen gewärmt. Jedes Mal hat sie auf meine Frage, ob sie hungrig sei, genickt, wollte etwas zu essen haben und hat, kaum stand das Essen vor ihr, gebockt und geschimpft. Das Essen ist wahrscheinlich eine Metapher für eine andere Zuwendung, die ich ihr in meiner etwas genervten Stimmung nicht geben kann. „Du kannst mich mal kreuzweise, dann hungere eben", gifte ich sie an. Und sie sehr treffend: „Du dumme Kröte." Sie droht mir mit ihrem Krückstock, schimpft wie ein Rohrspatz und streckt mir die Zunge raus. „Das sag ich meiner Mutter", meckert sie mich an. Und ich nehme sie am Arm und sage: „Was hast du zu mir gesagt: dumme Kröte?" Da fängt sie plötzlich herzlich an zu lachen, und ich auch. Wir lachen, bis uns die Tränen kommen.

Nun sitzt sie neben mir am Computer und interessiert sich, was ich hier mit den Tasten mache, greift auch mal hinein, haut drauf und schaut mich herausfordernd an. Dann murmelt sie „Mutter, Mutter". Und streckt mir wieder die Zunge raus, weil ich sie nicht besonders beachte. Blödes Weib.

Lieber Vati! Christa ist ein kleines, freches Lüderchen, aber man kann ihr nie böse sein. Sie kommandiert ihre Geschwister, bei Bärbel kommt sie aber nicht so durch ... Sie hat überhaupt mehr das Temperament eines Jungen. Und singen kann sie, Du staunst einfach. Beide Mädchen singen, es macht Spaß, ihnen zuzuhören. Ich habe erst mit den Kindern Singen gelernt. Jetzt lernen wir fleißig Weihnachtslieder. Christa ist immer noch eine kleine dicke Person, hat schon lange Zöpfchen und ist ganz stolz darauf. Sie wird dunkel, kannst Du Dich noch auf ihr goldblondes Haar besinnen? Ich kann Dir das kleine Ding gar nicht so schildern, Du musst sie sehen. Sie hat ein paar so freche blaue Augen, wenn sie einen ansieht, könnte man sie fressen. Ich glaube, sie wird später mal den Jungen viel zu schaffen machen. (Aus einem Brief meiner Mutter an meinen Vater in das Internierungslager Münster/Hannover, 27. 11. 1945)

Nun waren sie also beide hier, großer Bruder und Schwägerin. Ihr gemietetes Auto ist auf der Autobahn vom Flughafen zu uns eingegangen, bei den 18-Grad-Minustemperaturen ist der Diesel beim Smart eingefroren. Um halb eins stehen sie schließlich mit zwei Blumensträußen vor der Tür – eine exotische Pflanze für Mutti und eine Bananenstaude für mich. Sie kommen herein und verhalten sich so, als hätten sie Mutter gestern erst gesehen und nicht das letzte Mal vor mehr als zwei Jahren. Die Schwägerin zu Mutti: „Kennste mich noch, Elli?" Mutter zuckt mit den Achseln. Ich erzähle von unserem Leben, von den nächtlichen Unterbrechungen durch Muttis Wanderungen, von den stundenlangen Spazierfahrten, die Julius mit ihr unternimmt, um mich zu entlasten. Kein Echo, keine Fragen, nur, ob ich denn Mutti in ihrem Kauderwelsch verstehen könne, will mein Bruder wissen.

Unser Peter ist nun schon groß. In der Schule kommt er auch wohl mit, aber seine ersten Zensuren waren saumäßig, lauter Vieren. Aber das war wohl, weil er in den ersten sechs oder acht Wochen drei verschiedene Lehrer hatte und er ein paar Wochen gefehlt hatte. Er hilft uns schön, haut Holz, ist gar nicht ungeschickt dabei, wäscht ab, geht einkaufen und fährt neuerdings allein mit der S-Bahn. Er kriegt jetzt in der Schule warme Suppe, das ist ganz schön. (Aus einem Brief meiner Mutter an meinen Vater in das Internierungslager Münster/Hannover, 27. 11. 1945)

Mutter hat am Anfang des Wiedersehens mürrisch reagiert, später hat sie sich gefreut, die Hand ihres Ältesten gestreichelt und gesagt, er sei „der Neue und ein Guter". Dann wollte sie wissen, ob Leni, ihre Schwester, auch noch kommt. Als Mutter zum Abschied fragt, was denn nun wird, sagt meine Schwägerin: „Wir fahren nach Berlin." Und Mutter: „Nehmt ihr mich mit?"

Nach dem Aufwachen heute hat sie erst mich ganz fest umarmt und „ich danke Ihnen" gesagt, dann ist sie extra zum Julius hingewankt, hat ihn ganz fest und lange umarmt und „ich danke Ihnen" gesagt. Und als Julius fragt, wofür denn, sagt sie, „dass ich hier sein kann". Sie ist wieder einmal per Sie mit uns, aber doch vertraut und nah, diese fremde, diese liebe Mutter.

Am meisten rührt mich ihr Blick, wenn ich sie beispielsweise nachts auf die Toilette bringe und neben ihr warte, bis sie fertig ist. Da schmiegt sie ihren Kopf an meinen Bauch, schaut zu mir auf, und dann ist dieses endlose, ungetrübte Vertrauen in ihren Augen, wie bei einem kleinen

Kind. Sie gibt sich in meine Hand und ist mir mit Haut und Haaren ausgeliefert – und sie hat das uneingeschränkte Vertrauen in diese Tatsache, an der sie absolut nichts ändern kann. So schaut sie mich unverwandt an, still, gerade, ohne Schuld, und wenn ich sie wieder ins warme Bett bringe, habe ich den Eindruck, sie fühlt sich geborgen.

ꕥ

Mein Pflegealltag gibt mir journalistischen Stoff:

„Wahrhaben möchte es niemand, aber es wird kommen: Wohin mit uns im Alter? Ab ins Siechenheim, in eine Alten-WG, ins Pensionistenheim, gleich auf den Friedhof oder doch lieber so lange wie möglich in den eigenen vier Wänden? Aussuchen werden es sich die meisten nicht können, denn das ist letztlich auch eine Geldfrage. Sicher ist, dass sich die Zahl der über 80-Jährigen in zehn Jahren verdoppelt haben wird, und schon heute wird uns der Pflegekollaps prophezeit. Als Maßnahme gegen die düstere Altenzukunft wird uns die Pflegeversicherung oder die private Eigenvorsorge offeriert, für die immer mehr Menschen immer weniger Geld haben werden. Und in letzter Zeit wird verstärkt um den Liebesdienst von Angehörigen zu Gottes Lohn geworben. Seit fast drei Jahren leiste ich nun schon diese schöngeredete Pflege zu Hause an meiner demenzkranken Mutter. Mit ihren vier Kindern war sie nie berufstätig, ihre kleine Rente und Witwenpension reichte nicht für eine private Eigenvorsorge, um in einer noblen Altenresidenz ihren Lebensabend zu verbringen. Also ich. […] Ich bin eine brave Tochter, denn als diplomierte Krankenschwester weiß ich, wie es in den öffentlichen Pflegeheimen oft zugeht: sparen beim Personal, also Dreiliter-Windeln bei Inkontinenz; sparen an Decubitus-Matratzen, also Druckgeschwüre; sparen an der Ausstattung, also schlafen die Pfleglinge in Sechsbettzimmern; sparen an Zeit für Zuwendung, also Dahindämmern … Das ist überhaupt das modische Zauberwort des Staates: sparen oder Public Private Partnership (PPP). Deshalb werden öffentliche Dienstleistungen ausgelagert und die Alten in den privaten vier Wänden endgelagert. 80 Prozent der Pflege wird im familiären Umfeld meist von weiblichen Angehörigen geleistet. Die von Wiens Bürgermeister Häupl nach dem ‚Lainz-Skandal' versprochene Pflegemilliarde ist noch immer ausständig."

ꕥ

Julius und ich waren mit Mutter spazieren, eiskalt draußen, die Donau ist zugefroren.

Übermorgen kommt meine Schwester aus Bonn und wir haben zehn Tage mutterfrei! Juchhu!!!

Vorgestern hatten wir sehr viel Besuch. Julius hat gekocht, ich war tagsüber unterwegs, das hat Mutter wohl übellaunig gestimmt. Als Kathi nachmittags kam, war sie eifersüchtig – „hau ab", meckerte sie. Als sie ihr ein Bussi geben wollte, hat sie sich energisch abgewendet. „Urli ist so gemein", sagte Kathi traurig, „ich hab sie so lieb und sie ist so bös zu mir." Ich hab ihr erklärt, das sei bei alten Leuten manchmal so, man müsse Geduld und Verständnis haben. Ich denke, das ist auch ein Lernprozess für die Kleinen, die einmal unsere Zukunft gestalten und uns hoffentlich gnädig behandeln werden. Während ich das dem Kind erklärte, wurde Mutter immer stinkiger zu Kathi. Da habe ich zu ihr gesagt: „Ich gieß dir gleich den Wasserkrug über den Kopf, wenn du nicht etwas lieber bist zu der Kleinen." Und dann, als sie immer weiter rumstänkerte, hab ich ihr ein paar Tropfen auf den Kopf geträufelt. Na, da ist es erst so richtig losgegangen, „du altes Miststück", hat sie geschimpft, und „leck mich doch am Arsch". Mit dem Stock hat sie mir gedroht, „ich hau dir gleich eine drüber" ... In der Küche hat sie dem Julius auf den Hintern gehauen, die Zähne gefletscht und ihm schließlich das Wasserglas quer über den Küchentisch nachgeschossen, so dass der ganze Boden geschwommen ist. Kathi hat gesagt: „Siehst du, Urli hat von dir gelernt, Oma." Recht hat sie. Gut beobachtet. Mutter sieht uns wahrscheinlich manchmal ganz schön klar in ihrem inneren Bild.

Danach war sie wie ausgewechselt, friedlich und ausgeglichen, fröhlich und ganz auffällig wacher, sie hat gescherzt und geherzt und war in sonniger Stimmung. Wir haben überlegt, ob das wohl künftig öfter vorkommt, dieses Grantigsein und den Frust rauslassen. Und ob das Reagieren darauf ohne dieses pädagogische Weichstreicheln nicht doch adäquater ist als die von Naomi Feil eingeforderte Akzeptanz der Verrücktheit. Jedenfalls abends, als unser Besuch da war, hat sie am Tisch parliert, war gut aufgelegt und hat mit den Leuten gescherzt und gewitzelt.

Das erste Fleisch in meinem Leben, das ich gegessen habe, waren knusprig goldgelb gebratene, fingerdicke Streifen, ein wenig zäh, aber von einem milden, würzigen Geschmack, der sich wohlig in den Gaumen schlich. Meine Mutter buk die Streifen, die in Mehl gewendet wurden, in Schweineschmalz heraus, dazu gab es goldgelb geröstete Kartoffeln. Es war Kuheuter, und es war so köstlich, dass ich mich noch heute an den Geschmack erinnere.

Das ist überhaupt immer ein Lichtblick für alle Teilnehmer eines solchen Abends: Wir kochen köstlich für unsere Gäste, Mutter hat zuvor, je nach Stimmungslage, Gemüse oder sonst was geschnitten, und dann ist sie meist schon geschniegelt und gekampelt ins vorgewärmte Bett gegangen, bevor der Besuch gekommen ist. Bei der Hauptspeise dann öffnet sich die Tür zu ihrem Zimmer vorsichtig und eine kleine Person mit abstehendem Nachthemd lugt hervor. Ich gehe zu ihr und frage, ob sie sich noch zu uns setzen möchte. „Warum nicht?", sagt sie dann meist. Ich ziehe ihr den Bademantel und die Socken an und führe sie an den Esstisch. Julius sagt: „Da kommt unser kleiner Prinz", und sie wirft ihm Kusshändchen zu. „Nicht wahr, mein Kleiner", wirbt sie um seine Aufmerksamkeit. Dann beäugt sie die Tischrunde. „Na da hinten, die Kleine, die soll doch mal lachen", ruft sie, prostet ihr mit dem Rotweinglas zu und freut sich, dass die Kleine zurücklacht. Dann hat sie die Männer am Tisch im Visier, die interessieren sie am meisten: „Du da", ruft sie mit ihrer Kohlengräberstimme quer über den Tisch zu einem Freund, der intensiv in eine Diskussion verwickelt ist, „dich kenne ich doch!" Und der muss sich aus seiner Diskussion lösen und der Wirklichkeit ins Auge sehen – meiner alten, hübschen Mutter. Verunsichert schaut er sie an, und Mutter sagt: „Musst doch keine Angst haben, Kleiner." Dann parliert sie mit jedem am Tisch, gibt ihre passenden und unpassenden Kommentare ab, die Anlass zu Heiterkeit sind. Und schließlich verlangt sie noch ein Gläschen Rotwein und gähnt. „Gehen wir ins Bett?", frage ich. Und sie: „Kommt der Kleine mit?" Meinen Mann meint sie.

Ich habe den Eindruck, dass diese Anregungen von außen sie lebendig und wach halten, zumindest streckenweise.

Habe vorige Woche als Mutters Sachwalterin den Finanzbericht fürs Gericht erstellt, er scheint soweit in Ordnung zu sein. Meine Schwester war 14 Tage hier, und Julius und ich sind nach Salzburg und München gefahren, dann ins Waldviertel. Das war schön, vor allem in München in den Museen hat es uns gefallen, den neuen Ausstellungstempel, den Markt und das kuriose Kaufhaus Dallmayer haben wir uns angeschaut. Im kalten, tief verschneiten Waldviertel haben wir es uns dann am warmen Ofen heimelig gemacht. Ohne Mutter. Die Ruhe tut gut, endlich können wir uns wieder einmal auf uns besinnen und unsere Liebe zueinander pfleglich behandeln. Nun klopft der Frühling an.

Meine Schulkameradin Cornelia rief mir in der ersten Klasse Volksschule triumphierend zu, sie würde mit ihrer Mama zusammen in der Badewanne baden. Ich auch, sagte ich zu ihr bockig, dabei hatten wir doch gar kein Badezimmer. Noch nicht einmal Warmwasser hatten wir, und nackt hatte ich meine Mutter noch nie gesehen. Cornelia, deren Vater im Krieg eine Farbenfabrik hatte, kam aus „besseren Verhältnissen“. Ihre Mutter gab ihr Brote mit Butter und Ei belegt mit in die Schule. Wir anderen Kinder nahmen Stöcke und jagten Cornelia. „Eierjule, Eierjule“, schimpften wir sie.

Mittlerweile habe ich vom Gericht die Beschlüsse erhalten, dass alles in Ordnung ist mit meinem Bericht und der Finanzabrechnung. Lediglich das größere Sparbuch muss ich von der Bank als gesperrt – Mündelgeld – kennzeichnen lassen. Habe alles kopiert und an meine Geschwister geschickt.

Ein Traum heute Nacht: Ich fahre in der Straßenbahn, steige aus und vergesse Mutter. Die ist auf dem Behindertensitz zurückgeblieben. In Panik laufe ich der Straßenbahn hinterher, aber ich hole sie nicht ein, ich kann nicht erkennen, ob Mutter noch dort sitzt, denn die Scheiben sind beschlagen. Ich hetze von Haltestelle zu Haltestelle, passe alle Waggons der Linie 11 ab – wieso Linie 11? –, nirgendwo ist Mutter. Ich frage überall, ob jemand die alte Frau gesehen hat, gehe zur Fundstelle, stelle mir vor, was passiert, wenn sie ausgestiegen ist, sie kennt ihren Namen nicht, sie weiß nicht, wo sie wohnt, ich wache in Panik auf. Ich gehe mit klopfendem Herzen in Mutters Zimmer. Sie liegt friedlich in ihrem Bett und schnarcht.

Dieses Gefühl der Bedrohung liegt den ganzen Tag wie Staub auf mir.

Heute war in Mutters Seniorengruppe Fasching. Nachmittags waren die Angehörigen eingeladen. Es kamen fast nur Frauen. An langen Tischen sitzen sie also vor Kaffee und Krapfen und füttern ihre dementen Angehörigen. Ich betrete den Gruppenraum und sehe ein buntes Wirrwarr alter Menschen, alle in irgendeiner Weise verkleidet. Am häufigsten sind Clowns zu sehen, gefolgt von Zigeunerinnen. Ich kann Mutter nicht entdecken. Ich hatte sie morgens als Chinesin verkleidet. Sie hat sich verwundert im Spiegel angeschaut, den langen, schwarzen Chinesenzopf, der an der Seidenmütze befestigt ist, gestreichelt und „hübsch" gesagt.

Ich halte in dem bunten Gewirr auf der Tanzfläche Ausschau nach ihr. Auf einmal sehe ich, wie ein Clown das kleine Chinesenmädchen auf dem Arm trägt und sich nach der Musik mit ihr im Kreis dreht. Das ist meine Mutter. Sie hält die Augen geschlossen, und auf ihrem Gesicht ist ein zufriedenes Lächeln. Der Herr Gruppenleiter des Sozialzentrums hat sie auf den Arm gehoben und wirbelt mit ihr über die Tanzfläche. Als sie mich entdeckt, reißt sie ein wenig die Augen auf, so wie damals, als wir sie zum Schwimmen mit in den Teich genommen haben, und sagt: „Ach, da bist du ja." Auch ich tanze mit Mutter. Wir fädeln uns ein in den langen Bandlwurm, ich halte Mutter an den Händen, eine Betreuerin fasst sie an den Schultern, los geht's in der Schlange, aber das ist ihr zu viel. Also schauen wir ein Weilchen dem verrückten Treiben zu. Ein Patient des Tageszentrums macht, als Clown verkleidet, die Programmansage, das finde ich besonders schön. Als ich merke, dass unser kleines Chinesenmädchen wieder ihren stumpfen Blick bekommt, mache ich mich mit ihr auf den Nachhauseweg. Julius hat ein feines Abendessen vorbereitet – Palatschinken. Niemand außer ihm kann die so schön in der Pfanne schupfen und fliegend umdrehen, ohne dass sie an der Decke kleben bleiben oder auf dem Fußboden landen.

Von wegen Frühling klopft an: noch immer tiefste Kälte, auch wenn tagsüber die Sonne scheint – eisiger Wind, tiefe Temperaturen nachts.

Ich habe unlängst geträumt, dass ich Mutti begraben habe, dass ich mit bloßen Fingern den Sand aushob, ich spürte ihn im Traum regelrecht unter den Fingernägeln, und ich legte die Erde auf Muttis Gesicht. In Panik kamen mir plötzlich Zweifel, ob sie denn wirklich tot sei oder ob sie nun den Sand einatmen müsse. Ich fragte wieder alle Leute und bat, mir zu versichern, dass Mutter wirklich tot war und den Sand nicht spürte, aber alle zuckten nur mit den Achseln und sagten, sie wüssten es nicht.

Ein anderer Traum handelt von meinem eigenen Begräbnis: Ich liege in einem Blechsarg, die Leichenträger kommen nur schwer mit der Kiste um das kurvige Stiegengeländer herum. Jedes Mal stoßen sie unsanft irgendwo an, es rüttelt mich und ich möchte ihnen sagen, dass sie vorsichtiger sein sollen mit mir, aber ich liege in dem Blechsarg, und sie hören mich nicht.

In einem anderen Traum liege ich auf einer Wiese und befriedige mich selbst. Plötzlich sehe ich mit Entsetzen, dass rundum Neubaufassaden wie Kulissen einer Geisterstadt stehen und aus den Fensterlöchern stumme, graue Frauen mich mit leeren Augen anstarren. Ich rufe: Was schaut ihr denn so starr, das macht ihr doch auch jeden Abend in euren Betten. Aber sie reagieren nicht, sie schauen nur still, und ich schäme mich. Diese Träume legen sich den ganzen Tag wie ein Grauschleier auf meine Stimmung.

Was mir auffällt: Dass nirgendwo über Sexualität geredet wird. Zum Beispiel in der Gruppe der betreuenden Angehörigen: Es ist dort kein Thema, weder die eigene Sexualität noch die der dementen Angehörigen kommt dort zur Sprache. Dabei ist es sicher ein Problem für alle. Wir wundern uns doch über die ziemlich unverhohlenen sexuellen Anspielungen von manchen Demenzkranken. Und andererseits erfordert die Intensivbetreuung Abstriche von den Betreuungspersonen, auch im Sexuellen. Die Situation, einen alten, auf den Tod hin lebenden Menschen zu betreuen, ist, so empfinde ich es, sexualfeindlich, abgesehen von der fehlenden Kraft, Muße, Zeit. Der Schlafmangel lässt Lust auf Sparflamme köcheln.

„Die Demenz im fortgeschrittenen Stadium krempelt die Beziehungen zweier Menschen völlig um. Es ist möglich, dass der sexuelle Kontakt als unpassend und belastend empfunden wird. Machen Sie sich deswegen keine Vorwürfe. Halten Sie sich vor Augen, dass in sexuellem Verlangen auch ein Wunsch nach Nähe, Geborgenheit und Angenommensein steckt. Diesen Wunsch können Sie erfüllen. Das sexuelle Erleben des Patienten ist in der Regel ganz normal. Erst im fortgeschrittenen Krankheitsstadium kann es zu einer Enthemmung sexueller Impulse kommen. Sie äußert sich beispielsweise in einem unangemessen offenen sexuellen Verhalten Ihnen oder anderen Menschen gegenüber.“ (3*)

„Ach Else, wieso bist du denn nur so dumm“, lamentiert Mutter vor sich hin. Es muss schlimm sein, wenn man merkt, dass man seltsam ist. Meine größte Angst ist, dass ich selber nicht ganz richtig bin im Kopf, alle wissen das, nur ich selbst weiß es nicht.

Mittags ist Julius mit ihr spazieren gefahren, weil sie wieder einmal „nach Hause“ wollte.

Am Abend fragte sie mich: „Wo ist denn eigentlich mein Mann?“ Ich erkundige mich: „Wen meinst du denn, den Hans?“ Sie: „Nee, das ist viel zu lange her.“ Ich: „Den Julius?“ Sie strahlend: „Ja, den!“

Wie geht's eigentlich meiner Mutter? Wie hat sie alles überstanden? Sie war doch schon vorher so gebrechlich! Hat Leni Arbeit? Wir sind noch im alten Lager, ich weiß nicht, ob und wann wir wegkommen. Was Entlassungen betrifft, schwimmen wir vollkommen im Dunkeln. Kannst Du mir Zigarettenpapier besorgen, oder ist diese Frage naiv, wir rauchen Kräutertee. Herzlich küsst Dich Dein Hans. (Aus einem Brief meines Vaters an meine Mutter aus dem Internierungslager Münster/Hannover, 23. 11. 1945)

In der Tagesbetreuung hat die Betreuerin gesagt, unsere Mutter würde immer so hübsch angezogen sein, es mache richtig Spaß, sie anzuschauen. Das freut mich natürlich, und es stimmt ja auch: Ich versuche, sie immer nett und nicht so altenlangweilig zu kleiden.

∞

Draußen schneit und schneit es, wir haben morgens einen schönen Schneespaziergang im Schweizergarten gemacht, Julius und ich, während Mutter auf dem Sofa schlief. Heute nach dem Frühstück hat Mutti mich angeschaut, aus vollem Herzen gelacht und dann klar und deutlich gesagt: „Ich habe dich geboren. Das ist doch schön.“ Ich möchte manchmal wissen, was in ihrem Hirnkastl so vor sich geht.

∞

Heute ist für Anja ein schwarzer Tag. Nachdem Kathi die Aufnahmeprüfung für den Bildnerischen Zweig im Gymnasium, in das auch ihre Schwester geht, nicht geschafft hat, ist nun heute der Bescheid gekommen, dass sie auch nicht im Musischen Zweig genommen wird – wegen zu vieler Anmeldungen. Anja ist verzweifelt, sie braucht als Alleinerzieherin die Nachmittagsbetreuung. Alle betonen immer, wie begabt das Kind sei, gerade im Tanzen und in Musik, aber nun das.

In mir breitet sich ein schales Gefühl aus, das wie Zahnbelag auf meinem Herzen liegt. Wie gehen Mütter mit den Niederlagen ihrer Kinder in einer Leistungsgesellschaft um? Ist die Erziehung zu Konkurrenz, Ellenbogen, Durchtricksen und überhöhtem Selbstbewusstsein vielleicht doch adäquater als die Erziehung zu Nachdenklichkeit, Rücksichtnahme auf Schwächere und Empfindsamkeit? Wie gehen Töchter mit den Niederlagen ihrer Mütter um?

Das dürfte nicht vorkommen, dass mich Mutter dermaßen nervt und ich ungerecht werde zu ihr. Gestern war sie den ganzen Tag zu Hause und unzufrieden und grantig, dann hat sie sich dermaßen doof bei manchen Dingen angestellt, dass es schon fast an Provokation grenzte. Etwa als ich ihr sagte, sie solle mit ihrem Hintern weiter hinauf auf den Sessel rutschen. „So?“, hat sie gefragt und ist prompt nach unten gerutscht, als wollte sie mich pflanzen. Ich meinte: „Jetzt stell dich doch nicht so doof an, du bist doch nicht dumm, aber du tust manchmal so ...“ Da hat sie mich wieder mit diesem traurigen Blick angeschaut, dass ich mich geschämt habe. So etwas sagt man zu keinem Menschen, der sein Gedächtnis streckenweise verloren hat. Ich habe mich bei ihr entschuldigt und sie in die Arme genommen. Meine liebe, alte, arme Mama, es tut mir so leid!

Kathi hat heute die Aufnahmeprüfung am Musikgymnasium bestanden! Ein begabtes Kind, haben die dort gemeint. Eine Genugtuung, denn dieses Gymnasium ist musikalisch auf einem viel höheren Level als das andere, das sie abgewiesen hat.

Die Postsiedlung, in der wir wohnten, bestand aus zweistöckigen Häusern im Stil der Dreißigerjahre, die von kleinen Gärten umringt waren. Vier dieser Häuser, die jeweils Platz für sechs Familien boten, wurden nach dem Krieg von amerikanischen Familien bewohnt und der Rest von Berliner Postbeschäftigten. Wir Kinder der deutschen Familien dienten uns bei den amerikanischen an: Auto waschen oder im Haushalt helfen – dieses dumpfe Klacken, wenn der Kühlschrank zuschnappte, war das

absolut coolste Luxusgeräusch. Und einmal verstieg ich mich, Amerikanisch reden zu wollen: „Ami, jib Jaujummi." Meine Mutter sah es nicht gerne, wenn wir zu den Amis gingen. „Zu Hause wollt ihr nicht helfen und dort macht ihr das freiwillig", klagte sie.

Von der Frauenbewegung habe ich viel über den Zusammenhang von Politik und Privatheit gelernt. Das Private ist politisch, war der Schlachtruf, und meinte das Zusammenspiel von politischer und privater Aktion. Politik umfasst eben alle Lebensbereiche. Die Debatte um den Pflegenotstand wirft nicht nur auf die politische Doppelmoral ein Licht, sondern sie entlarvt auch ein gesellschaftliches Selbstverständnis von weiblicher Rollenzuschreibung. Die Doppelmoral zeigt sich nicht nur in der Forderung, illegale Pflege durch Arbeitskräfte aus den benachbarten neuen EU-Ländern ungestraft zu lassen, sondern auch im Ignorieren der Tatsache, dass die Pflege durch Frauen billig ist und weibliche Arbeitskraft dafür weiterhin willig zur Verfügung stehen soll. Ein rückwärtsgewandtes Rollenverständnis zeigt sich auch in dem Vorschlag, Frauen analog zum Zivildienst für ein freiwilliges Pflege-Sozialjahr zu ködern.

Wenn 80 Prozent der Pflege unbezahlt von Angehörigen, in der Regel weiblich, geleistet wird, könnte daraus ein Job entstehen, meinen manche Wirtschaftsexperten – eine Angehörige kümmert sich um mehrere Pflegebedürftige in einer Region und würde dadurch ein eigenes Einkommen und eine normale Versicherung erhalten. Das habe schon bei den Tagesmüttern funktioniert – die Pflege wird effizienter, die Kosten steigen weniger stark. Also wieder einmal sollen Frauen aus der Pflegepatsche helfen. Dass hier ein neues, schlecht bezahltes Arbeitsfeld mit geringer fachlicher Qualifikation für Frauen entsteht, das unter dem ökonomischen Druck arbeitswilliger, billiger Pflegekräfte aus den neuen EU-Ländern steht, ist absehbar.

Morgen ist Internationaler Frauentag. Wie viel es noch zu tun gibt. Wie viel auch schon wieder verloren ist an mühsam Erkämpftem. Woher die Kraft nehmen?

Mitte März, draußen am Land Schneeverwehungen, sogar hier in der Stadt Saukälte.

Heute wieder so ein Erlebnis der deutschen Bürokratenart. Mutters Rentensystem, früher Post, heute Telekom, hat einen Brief geschickt mit der Aufforderung, für sie eine Steuerkarte oder Steuerbescheinigung zu besorgen, ansonsten wird sie wieder einmal in der höchsten Lohnsteuerklasse veranlagt. (Zwei Jahre später wird übrigens bekannt werden, dass der deutsche Telekom-Postchef Zumwinkel und andere Manager sich um drei Milliarden Euro Steuerhinterziehung bereichert haben, irgendwoher muss das Geld ja kommen, und sei es von armen Rentnerinnen.) Ich schrieb also vor drei Wochen an die genannte Adresse beim Finanzamt Bonn Innenstadt, bis heute keine Antwort. Rufe dort an. Die Dame erklärt, dass sie nicht mehr zuständig seien, sondern das Finanzamt Bonn Außenstadt. Ob sie denn meinen Brief weitergeleitet hätte? Schließlich würde ich ja hier in Wien nicht wissen, dass nun wer anderer in Bonn zuständig sei. Kann sie nicht so genau sagen. Aber sie nennt mir einen zuständigen Beamten dort. Rufe also den an, der rechnet mir vor, wie lange so ein Brief wohl braucht, aber er habe noch keinen bekommen. Ich soll einen Antrag schicken. Wie komme ich zu einem Antrag hier von Wien aus? Schließlich: Er würde ihn mir zuschicken, und wenn der Antrag ausgefüllt an ihn zurückkommt, würde entschieden werden, was mit Mutters Steuerklasse geschieht.

Seit wir Mutter pflegen, haben wir die erstaunlichsten Erlebnisse dieser Art mit den deutschen Ämtern. Man sollte das auch einmal so sehen: Wir helfen durch unsere mehr oder weniger kostenlose Mutterbetreuung dem deutschen Staat, Sozialausgaben zu sparen, und dann bekommen wir dafür als Dank noch tausend Bürokratensteine in den Weg gelegt.

Heute Frühlingsanfang, und tatsächlich: Die Sonne scheint, als wüsste sie, dass sie etwas zum Nachholen hat. Im Waldviertel liegt noch tiefster Schnee, aber der wird wohl im Laufe der Woche schmelzen. Gestern haben wir in der Sonne gesessen, das erste Mal nach diesem langen, kalten, schneereichen Winter.

Anja, ihre beiden Mädchen und ich haben Karten gespielt und Mutter hat sich köstlich amüsiert beim Zuschauen, weil Tati und Kathi so viele Faxen gemacht haben. Die beiden gehen richtig lieb mit ihr um. Tati schneidet Fratzen, da haben die beiden eine ganz eigene Kommunikation, wortlos und ausdrucksstark, Mutter fratzt zurück. Kathi ist vorsichtig und zärtlich zu ihr – als sie gestern zum Frühstück in die Küche kam, hat sie erst einmal vorsichtig gefragt, ob ihre Uromi heute gut drauf ist, und dann erst hat sie sie geherzt und geküsst.

☙.❧

Meine Freundin Gudrun hat mir zum Geburtstag einen Tag Mutterbetreuung geschenkt!

Früher konnte meine Mutter manchmal sehr komische Sachen sagen. Zum Beispiel rief sie, wenn wir spazieren gehen wollten: „Raus mit der Zicke an die Frühlingsluft!" Oder wenn wir Karten spielten – das machten die Eltern und Tanten oft mit uns: Canasta, Rommee, später auch Skat –, sagte meine Mutter manchmal verschmitzt: „Du hast mir wohl in die Gurken gekackt" statt „du hast mir in die Karten geguckt". Und jedes Mal mussten wir Kinder herzlich lachen.

Am Abend haben wir fein gekocht, die Kinder waren hier, Mutter hat ihr Weinglas genommen und den Inhalt auf ihren Teller geleert. Als ich „nein, nein" gesagt habe, hat sie mich triumphierend angeschaut und gemeint: „Das ist gut, willste mal kosten?" Dann hat sie sich auf die Brust geklopft, den Mansch aber doch nicht gegessen. Die Kinder haben Tränen gelacht.

☙.❧

Heute geht es Mutter miserabel – seit gestern hat sie Durchfall, und ich komme aus dem Klo- und Poputzen nicht heraus.

Gestern Morgen ist sie mit ihrer Kackwindel in der Hand vor unserem Bett gestanden und hat sie uns entgegengehalten, mitten drin ihre Finger, ein schönes Erwachen. So geht das seit gestern, die Arme, ich gebe ihr Soletti und Bioflorin, mal sehen, ob es sich über Nacht beruhigt. Sie sagt „Mutter" zu mir und ist ganz weggetreten. Kann es sein, dass die plötzliche Wärme – über 20 Grad nach dem langen Winter und dem tiefen Frost – ihr zu schaffen macht?

☙.❧

Nun ist der Frühling da. Mit aller Macht. Am Land grünt es, meine Beete sind bestellt, mein Geburtstag ist gefeiert und Ostern ist geeiert. Der Trott mit Mutter geht so dahin, sie hat sich von der Darmgrippe erholt. Heute wieder Großreinemachtag mit Baden, Nägelschneiden, Haare waschen. Jetzt schläft sie auf dem Sofa. Meine Schulterschmerzen sind, seit ich abends, nachdem ich Mutter ins Bett gebracht habe, am Land Nordic walke, auch fast weg.

Der immer gleichen Trott ist zwar nicht unangenehm, aber auch nicht aufregend: Montags bis freitags sind wir in der Stadt, Mutter ist dienstags bis donnerstags in der Tagesbetreuung, die Wochenenden verbringt sie mit uns am Land. Sie packt den Wechsel – noch – gut, ihr Zustand stagniert. Manchmal redet sie mich nachmittags mit „Sie" an, und als ich sie heute gefragt habe, wer ich denn bin, sagte sie: „Der Guttuer."

Ich selbst bin heute eher deprimiert.

Gestern war Muttertag, niemand hat unsere Mutter angerufen.

Die amerikanischen Kinder in unserer Siedlung bewunderte ich. Sie durften sich beim Spielen schmutzig machen, und als Jenny Beverly einmal die Kirschen aus unserem Garten in ihrem rosa Kleidchen nach Hause trug und sich blutrote Flecken auf dem Stoff ausbreiteten, fraß mich der Neid: Meine Mutter hätte mir das Kleid um die Ohren gehauen. Jennys Mutter gab mir einmal ein paar abgelegte Bluejeans von ihrer Tochter, die ich so sehr begehrte. Als ich nach Hause kam damit, musste ich auf dem Absatz kehrtmachen und die Jeans zurückbringen. Ich hasste meine Mutter dafür.

Mutter schnarcht auf dem Sofa, nachdem ich sie geduscht und körpergepflegt habe. Nächsten Freitag kommt wer vom Fonds Soziales Wien und begutachtet Mutter – ich habe sie in einem Pflegeheim angemeldet zur Vorsicht, falls das nötig sein sollte. In der Tagesbetreuung haben sie mir dazu geraten, denn sollte der Notfall eintreten, dass wir aus irgendeinem Grund Mutter nicht mehr pflegen können, wäre es eine Katastrophe, wenn sie wegen einer fehlenden Anmeldung abgewiesen werden müsste. Es sind etliche bürokratische Dinge zu erledigen – alle Seiten ihrer Sparbücher und Kontoauszüge musste ich kopieren, Miet- und Betriebskosten nachweisen, Staatsbürgernachweis, Sachwalterurkunde, aktuelles Ärztebrevier, Pflegegeldanträge etc., das alles, um eventuell einen Zuschuss zu den Tageskosten von ca. 120 Euro zu erhalten.

Auf dem Land in unserem Häuschen geht es Mutter immer gut. Ich habe dort Fenster gestrichen und sie hat zugeschaut, das war ihr wohl zu langweilig und sie hat mich immer wieder zu sich gewunken. Und dann hat sie sich an die Stirn getippt und zu mir gesagt: „Du bist wohl bekloppt." – Weil ich mich nicht mit ihr beschäftigt habe ... Jetzt betreuen wir Mutter schon drei Jahre. Von meinem älteren Bruder und seiner Frau, denen wir diese Last abgenommen haben, kam seit dem Kurzbesuch im Januar kein Lebenszeichen mehr.

Heute war die Frau vom Fonds Soziales Wien bei uns und hat Mutter wegen des Antrags auf einen Pflegeheimplatz begutachtet. Sie meinte, das Pflegegeld Stufe zwei sei zu gering berechnet für das, was ich leiste, ich solle noch einmal einen Antrag auf Erhöhung stellen. Mach ich gleich. Außerdem ist für die Aufnahme in einem Pflegeheim mindestens Stufe drei notwendig. Die Auflagen für Mutters Anmeldung sind mühselig: Bis in die letzte Unterhose wollen sie schauen – Grundbuchauszug vom Haus meines Mannes, alle Einkünfte müssen offengelegt, jede größere Ausgabe muss belegt werden. Alles, alles wollen sie wissen, ich komme mir vor wie jemand, der sich unrechtmäßig etwas aneignet. Dabei bin ich ja Sachwalterin meiner Mutter und muss vor Gericht sowieso jede Ausgabe begründen. Es geht außerdem lediglich um eine Vormerkung, nicht um die Aufnahme. Tonnenweise muss ich Kopien anfertigen und die Unterlagen zusammenstellen ... Aber andererseits verstehe ich die Genauigkeit, denn offensichtlich gibt es in diesem Graubereich der Pflege durch Angehörige eine Menge Missbrauch.

Zwischendurch ist es Mutter ziemlich schlecht gegangen. Wir haben wieder einmal, wie schon oft, gedacht, ihr letztes Stündchen kommt. Mit ganz krummem Rücken hat sie sich durch die Gegend geschleppt und war ziemlich verwirrt. Nachts ist sie durch die Wohnung gegeistert, hat eingelullt, immer wieder ist sie aufgestanden, ich habe sie trocken gelegt, das ist anstrengend, denn über einen Halbschlaf komme ich nicht hinaus.

Aber seit einigen Tagen geht es ihr wieder so leidlich, dass wir sie in die Tagesbetreuung geben können. Heute war dort ein Grillfest. Sie tun sich wirklich viel an: Die alten Leute sitzen draußen auf der überdachten Terrasse, und die Angehörigen verfüttern Grillwürstel an sie. Viele Angehörige sind nicht da, und es sind nur Frauen, die sich das antun. Ich habe meine Enkelkinder und eine Schulfreundin von ihnen mitgebracht, sie sollen ruhig sehen, wie das mit alten Leuten so ist, denke ich. Und es ist wirklich lustig, weil die Mädchen ohne Scheu mit den Alten scherzen und ihnen auf den Papptellern Grillzeug bringen. Das ist für alle, auch für das Betreuungspersonal, eine Abwechslung. Und ich bin ganz stolz, dass meine Mutter so nette Urenkel hat. Anscheinend weiß auch sie das zu schätzen, denn heute ist sie gnädig, scherzt mit den Mädchen. „Die Kleine da", sagt sie, „die muss noch futtern." Und die Kleine tut ihr den Gefallen und beißt in ein Würstel. Mutter klopft sich auf die Brust und sagt: „Meckt gut."

Ich habe lange nichts geschrieben. Es fehlen Zeit, Lust, Kraft. Mutter ist im Juli 94 Jahre alt geworden. Den Geburtstag haben wir im Waldviertel gefeiert, zwischendurch waren wir in Berlin, haben einen schönen vierzehntägigen Ostseeurlaub hinter uns, während meine Schwester Mutter betreut hat. Der kleine Bruder und seine Frau haben uns für September noch einmal 14 Tage Urlaub geschenkt. Danke!

An der Ostsee war es wunderschön. Wir haben ein Quartier auf der Insel Poel direkt am Meer gefunden: der schwarze Busch, so heißt der Uferstreifen. Dort sind noch zu Kriegsende Menschen, die auf Booten vor den Nazis flüchten wollten, von den Alliierten beschossen worden, weil sie glaubten, es handele sich um Soldaten der deutschen Wehrmacht. Jene Flüchtlinge, die sich schwimmend zurück ans Ufer retten wollten, wurden dort von den Nazis erschossen, als sie an Land kamen. Eine grausame Geschichte, die deutsche. Eine Gedenktafel, die noch zu DDR-Zeiten errichtet wurde, erinnert an das Massaker.

Nach dem Krieg haben wir als Kinder Krieg gespielt. In den Ruinen der Berliner Straßen sind wir herumgestrolcht, und die älteren Buben haben ihre Waffen zum Einsatz gebracht: Stöcke als Gewehre, Steine als Handgranaten, auch Flammenwerfer und Gasmasken kamen in ihrer Phan-

tasie vor. Das war abenteuerlich. Ich erinnere mich, wie ich den steilen Stiegenaufgang eines zerbombten Hauses hinaufgeklettert bin, es gab kein Geländer, und eine Hälfte des Hauses war wie weggeblasen. Dort ging es steil in die finstere Tiefe. Ganz oben, im vierten Stock, wohnte eine Familie, die einzige in diesem Haus.

Wir haben die Wohnung verändert: Julius hat sich sein Arbeitsmalzimmer eingerichtet, denn seit einiger Zeit malt er sehr viele und sehr schöne, lebensfrohe Bilder. Back to the roots? Ich habe meinen Arbeitsplatz im Wohnzimmer mit neuem Computer und Drucker, damit ich für die zu kopierenden Bürokratenpapiere nicht immer auf die Post rennen muss, alles sehr angenehm. Wir machen das jetzt so, weil Julius im Herbst in Pension geht: Dienstag, Mittwoch, Donnerstag bleiben wir in Wien, weil Mutter von der Caritas Sozialis betreut wird und nach wie vor gerne dort hingeht. Donnerstag, also heute, fahren wir abends aufs Land und Montag abends wieder in die Stadt. Der Wechsel bekommt uns allen gut.

Wir haben auch eine neue Arbeitsteilung am Morgen, wenn Mutter in die Tagesbetreuung geht: Ich wasche und ziehe Mutter an, versorge all ihre körperlichen Sachen, Julius macht das Frühstück und bringt sie hinunter zum Auto, das sie zur Betreuung fährt, und bringt sie wieder zurück in die Wohnung, wenn sie nachmittags kommt. Ach, mein lieber, lieber Julius.

Mutter wird immer verwirrter. Neuerdings kommt es vor, dass sie ihre Tabletten, die sie abends einnehmen muss, in die Gegend spuckt. Dann beißt sie die Lippen ganz fest zusammen und sagt „nein“, wenn ich sie bitte, das Zeugs runterzuschlucken. Ganz trotzig.

Nachts stehen wir zwei-, dreimal auf, um sie auf die Toilette zu bringen. Heute Nacht war sie ganz freudig gerührt, ihre Äuglein haben geleuchtet, und sie hat zu mir „Mutter, mein Muttchen“ gesagt, „wie schön, dass du da bist.“ Dann hat sie mich umarmt, geschmust und mich gestreichelt. Ich kann mich nicht erinnern, dass sie früher, als sie noch mehr bei Sinnen war, ihre Gefühle so direkt ausgedrückt hat.

Dass es das heute wieder gibt: Ich sehe es noch genau mit meinen Kinderaugen vor mir, wie gebeugte Gestalten an den Straßenbahnschienen im Nachkriegsberlin entlanggingen und sich ab und zu bückten, etwas emporhoben, mit dem Jackenärmel vorne abputzten und mit einer nach hinten ausholenden Bewegung dieses Etwas in die Manteltasche steckten. Und wieder: bücken, klauben, abwischen, einstecken. In einer Diskussion der Wiener Vorlesungen über Obdachlosigkeit sagte eine Frau, dies seien früher die Tschikarrettierer gewesen, und die seien heute wieder genauso zahlreich unterwegs.

Im Juli habe ich von Mutters Krankenkasse den Bescheid erhalten, dass sie nun endlich in Pflegestufe drei aufgenommen ist. Das heißt, sie bekommt ca. 240 Euro mehr im Monat.

Jetzt diskutiert die Politik über den Pflegenotstand im Land, nachdem aufgeflogen ist, dass Pflegekräfte aus den neuen EU-Ländern sozusagen illegal Pflegedienste übernehmen. Zum Pflegenotstand kommen nun auch noch saftige Strafen für Personen, die ihre pflegebedürftigen Angehörigen in die Obhut illegaler Hilfskräfte aus den neuen EU-Staaten geben.

Das Problem ist aber seit langem bekannt: Pflegekräfte aus dem grenznahen Tschechien oder der Slowakei kommen nach Österreich und betreuen rund um die Uhr pflegebedürftige Menschen in deren Wohnung. Für ihre Dienste verlangen sie monatlich ca. 1000 Euro, also einen Bruchteil dessen, was die Betreuung durch heimische Pflegekräfte ausmachen würde. Bislang wurden von allen Seiten vor dieser illegalen Beschäftigungsart ohne Arbeitserlaubnis die Augen zugedrückt, denn sowohl den Familien, die sich um ihre pflegebedürftigen Angehörigen sorgen, war damit geholfen als auch den Ländern, die Millionen Euro jährlich einsparen.

Wenn nun vom Zollamt Wien Anzeigen gegen diese Art illegaler Beschäftigung verhängt werden, löst das den akuten Pflegenotstand nicht. 80 Prozent der Pflege wird privat und unentgeltlich von Angehörigen, meist von Frauen, unter großen persönlichen Opfern geleistet. Wer berufstätig ist, ist auf zusätzliche Pflegedienste für seine Angehörigen angewiesen, die teuer zu bezahlen sind. Da ist es nahe liegend, das Problem in die Hände ausländischer Pflegekräfte zu verlagern. Und für jene Menschen, die keine pflegenden Angehörigen haben, ist es eine Überlebensfrage, leistbare Hilfe rund um die Uhr zu bekommen und nicht mit bürokratischen und finanziellen Hürden konfrontiert zu sein. Nun werden sie durch Anzeigen mit Strafen von mindestens 1000 Euro, im Wiederholungsfall bis zu 10.000 Euro bedroht. Die Alternative kann nur heißen: helfen statt strafen, also mehr öffentliche Mittel für eine leistbare Pflege zu budgetieren, statt Sozialpolitik der Einsparungs- und Privatisierungslogik zu unterwerfen. Auch hier zeigt sich angesichts des Arbeitslosenproblems und fehlender Pflegefachkräfte wieder einmal: Arbeit gibt es genug, nur sollte diese auch ordentlichen Ausbildungs- und Arbeitsbedingungen unterliegen und ordentlich bezahlt werden, damit nicht auf illegale Beschäftigung zurückgegriffen werden muss. Nicht zuletzt würde ein Grundeinkommen viele Frauen vor der finanziellen Zwangslage von Betreuungsentscheidungen für Angehörige bewahren.

Nachts schlafe ich schlecht, liege stundenlang wach, mir geht so vieles durch den Kopf, zum Beispiel unsere Beziehung – sie ist vertraut, schön, ja, aber irgendwie einsam in diesem Mutterkreislauf. Ich kapsele mich ab, reagiere empfindlich auf jede Art Kritik, oft denke ich, dass es mich nicht wunderte, würde Julius sich eine andere Frau suchen. Ich bin unzufrieden, fühle mich eingeengt und muss oft an mich halten, um nicht loszuheulen. Ist das ein Leben?

Am 13. August 1961 wurde in Berlin die Mauer gebaut. Ich war gerade 18 Jahre alt und arbeitete als Lernschwester in einem Krankenhaus in Berlin-Wannsee. Ich erinnere mich noch genau, wie die Ärzte auf der Station überlegten, welche Kollegen aus dem Ostteil der Stadt nun nicht mehr zum Dienst erscheinen würden und wie der Dienstplan mit diesem Ausfall zurechtkäme. Immerhin verdienten die Ost-Ärzte kostbare Westmark, die sie eins zu sieben oder acht umtauschen konnten und dadurch im östlichen Stadtteil privilegierter waren. Meine Mutter sagte: Nun werden wir nicht mehr so billig im HO einkaufen können. Abends brannten in den Westberliner Fenstern Kerzen, dazu hatte uns der RIAS-Radiosender aufgefordert. Meine Eltern stellten keine Kerzen hinein.

Ab September ist Julius in Pension. Wir müssen nun ernsthaft überlegen, wie wir unser Leben neu gestalten. Pläne haben wir schon viele gemacht. Julius malt sehr intensiv, unglaublich schöne und vitale Bilder, ich bin froh, dass er solch eine Freude damit hat und das ganz ernsthaft betreibt. Und ich schreibe. Aber wir müssen uns überlegen, wie lange wir diesen

Kraftakt der Mutterbetreuung leisten können. Julius sagt immer: Solange Mutter noch dies oder das kann, können wir sie nicht in ein Heim geben.

Wir waren kürzlich mit Mutter und den Kindern in dem Kloster von Pernegg bei einem Konzert mit der tschechischen Sängerin Iva Bittová. Das war ein Erlebnis. Mit ihrer Stimmakrobatik hat die Künstlerin den Kirchenraum zur Gänze zum Schwingen gebracht, es war fast sakral. Mutter hat neben mir auf der schmalen, harten Kirchenbank gehockt und in die andächtige Stimmung hinein mit lauter, tiefer Stimme gerufen: „Hier ist es aber saukalt!“ Alle haben sich umgedreht und Mutter angestarrt. Bittová hat unbeeindruckt weiter gesungen.

Meine Freundin Gudrun hat mein Geburtstagsgeschenk eingelöst: Ein Tag und eine Nacht Mutterbetreuung. Schiff ahoi – wir haben das Geburtstagsfest von Freunden auf einem Schiff auf der Donau gefeiert.

Gestern hat Mutter „Joachim“ gesagt, „wo ist denn der Kleine?“ Aus heiterem Himmel. Bekommt sie doch mit, dass mein kleiner Bruder Jochim mit seiner Frau nächste Woche kommen wird? Wir wollen dann für 14 Tage nach Kroatien auf Urlaub fahren.

Vor kurzem, als wir mit Mutter am Land waren, ist sie unleidlich gewesen: Sie hat die Tabletten ausgespuckt, auch das Wasser zum Tabletten runterspülen – „pfui, igitt“, ich bin dermaßen wütend geworden, dass ich ihr das Handtuch aus der Hand gerissen habe und böse zu ihr gesagt habe: „Du stellst dich an wie das blödeste Schaf, verdammt noch mal, schluck jetzt endlich deine Tabletten!“, dann habe ich das Handtuch geschnalzt vor lauter Zorn. Sie hat verbissen den Mund zusammengepresst, hat mich ganz starr angesehen, ganz steif hat sie sich gemacht, und dann ist ein Schwall unverständlicher Worte aus ihr herausgekommen – „du, du, bist ja, ach, du, blöde …“ – man hat es nicht wirklich verstehen können, was sie herausgesprudelt hat, aber man konnte sehen, dass sie sehr wütend war – wie ich auch. Als sie im Bett lag, habe ich ihr gute Nacht sagen wollen, sie hat den Kopf weggedreht. Später dann bin ich noch mal zu ihr ans Bett gegangen, habe sie umarmt und „verzeih mir“ gesagt. Da war sie dann ganz strahlend und freundlich und hat meine Hand gestreichelt, „schön, dass du da bist“, meinte sie. Ich hätte heulen können. Es hat mir gezeigt, wie nahe Pflege und Gewalt beieinander liegen, wie schnell man bei Überforderung die Geduld verlieren kann und wie ausgeliefert pflegebedürftige Menschen sind.

Als Kinder haben wir die Rabattmarkenheftchen vollkleben dürfen. Die bunten Marken waren nach Mark und Pfennig eingeteilt. Zum Monatsende, mein Vater sagte Ultimo dazu, hat meine Mutter diese Rabattmarken im Geschäft eingetauscht und davon Lebensmittel gekauft. Das Essen war immer knapp bei uns, aber meine Mutter war eine „Hungerkünstlerin“, sie zauberte aus dem Nichts ein Essen, das meistens auch für unsere Freundinnen reichte: Erbsen, Linsen, Bohnen, Kohlrüben und mein Lieblingsessen – Hefeklöße mit Backobst.

Draußen ist es ziemlich kalt – 14 Grad ... Wir fahren wieder aufs Land, wenn Mutter aus der Tagesbetreuung kommt. Sie wird jetzt renitent – vorgestern wollte sie nicht und nicht aus dem Auto aussteigen, sie hat sich ganz steif gemacht und sich gewehrt. Seit einiger Zeit kann ich ihr ihre Medikamente auch nur mit Tricks einflößen. Gestern war ich mit ihr beim Friseur, eine neue Dauerwelle machen, nun sieht sie wieder schick aus.

Zum Julius meinte sie heute: „Der da ist unser Hausknecht.“ Und mich hat sie gefragt: „Hat er dich losgelassen?“ Abends dann: „Na, den kenne ich ja nicht, aber trotzdem gute Nacht.“

Joachim und seine Frau Milica waren hier und haben Mutter für 14 Tage betreut. Wir haben einen schönen Urlaub gehabt in Kroatien am Meer, Opatija, Rijeka, Krk, Cres, schönes Wetter eine Woche lang. Als am Freitag der Regen kam, sind wir wieder heimgefahren und haben unterwegs Freunde in der Steiermark besucht.

Julius ist für drei Tage zu einem Genderkongress nach Vilnius geflogen. Ich vermisse ihn sehr, fühle mich einsam. Manchmal denke ich in solchen Stimmungen, wie das wohl sein muss, wenn einer den Partner verliert und allein durch die Gegend ziehen muss. Das stelle ich mir sehr schlimm vor.

Die neue Arbeitsteilung bewährt sich: Julius bringt und holt Mutter vom Transportdienst, das ist sehr schön und entlastet mich. Sie wird immer zerbrechlicher und verwirrter.

Ich selbst quäle mich mit meiner zweiten Hüfte herum, schlafe schlecht und bin zermürbt. Außerdem schaue ich aus wie ein dickes, aufgedunsenes Monster. Ich mag schon kaum noch Sachen im Geschäft anprobieren, bin entsetzt, wie ich in den Kleiderspiegeln der Modehäuser aussehe.

Zwischen fünf und sechs Uhr nachmittags bekommt Mutti das „Rederte“, das heißt, sie redet wie ein Wasserfall, es ist ein unverständliches Gebrabbel, sie will sich mitteilen. Einzelne Wörter kann man verstehen, aber keinen Zusammenhang. Ich höre ihr zu und tu so, als würde ich alles verstehen. Sie ist dann immer ganz zufrieden und lächelt. Mittlerweile muss ich sie oft füttern, weil sie ihren Mund nicht mehr findet beim Essen und gedankenverloren vor sich hinstarrt.

Lieber Vati! Heute herrschte wieder große Freude bei uns, als Deine Karte ankam. Wir sind noch alle gesund, und das ist ja heute das größte Gut. Wir sind so froh, dass es Dir auch gut geht und Du gesund bist. Mal werden wir uns ja auch wieder sehen, und das wird für mich die größte Freude sein. Wir haben doch allen Grund, dankbar zu sein, wir sind durch alle Schrecknisse ohne Schaden gekommen. (Aus einem Brief meiner Mutter an meinen Vater in das Internierungslager Münster/Hannover, 22. 11. 1945)

Ich habe Angst, dass ich so werde wie meine Mutter. Die Anzeichen dafür mehren sich: mein Gedächtnis lässt nach, mir fallen zunehmend Dinge aus der Hand und ich bin ungeduldig. Julius meint: Wieso darf man nicht in Ruhe alt und deppert werden? Recht hat er.

„So Jungchen, jetzt werde ich mal schlafen gehen ... Jedenfalls ich“, hat Mutter zu Julius gesagt. Wie immer hat sie vor dem Schlafengehen vor sich hin erzählt und gebrabbelt und dabei ganz fröhlich aus der Wäsche geschaut. Wenn sie aufs Klo geht und die Spülung gezogen ist, hebt sie die Hand, als wolle sie der Toilette eins runterhauen, und sagt zum Becken: „Ruhe da!“ Dann nickt sie zufrieden mit dem Kopf und schaut mich triumphierend an, wenn die Klospülung Ruhe gibt. Sie ist so komisch manchmal.

Heute haben wir eine Stunde gewonnen – Zeitumstellung. Habe gestern wie wild das ganze Haus im Waldviertel geputzt, gründlich Böden gerieben, Fenster geputzt, in Dusche und Klo die Kacheln geputzt usw., nun fühle ich mich wohl, es ist gemütlich, der Ofen ist eingeheizt.

☙.❧

Heute fühle ich mich wie nach einer Bergwanderung, schwitze, das Kreuz spüre ich, müde, müde, aber nicht wirklich unwohl. Unsere Frau Omsch fühlt sich auch nicht besonders gut – wie ein Tränentier hängt sie in ihrem Sessel und schaut resigniert den Kohlmeisen nach, die sich aufs Vogelhäuschen vor dem Küchenfenster stürzen, das ich gestern aufgehängt habe.

☙.❧

Mutter geht es schlechter. Sie stürzt öfter, jetzt hat sie ein ganz blaues Kinn vom letzten Hinfallen. Vorgestern hat sie zu mir gesagt: „Du bist meine Heilige." Und gestern, als ich neben Julius stand, hat sie ihn gefragt: „Wo ist denn eigentlich meine Tochter?" Sie schläft viel. Letztes Wochenende war ich mit ihr beim Arzt, er hat sie gegen Pneumokokken und Grippe geimpft und ihr dann ihre Vitamin-B-Spritze gegeben. Als es ihr gestern so schlecht ging, dachte ich, das komme vielleicht von den Impfungen.

Meine Freundin Gudrun hat vor einiger Zeit bei E-Bay für 60 Euro einen Rollstuhl ersteigert. Die Krankenkasse meiner Mutter bezahlt das ja nicht. Der Rollstuhl bewährt sich, jetzt, wo es ihr nicht gut geht.

☙.❧

Heute haben sie von der Tagesbetreuung angerufen, ich soll kommen, Mutter habe sich den Finger in ihrem Ruhestuhl eingeklemmt, das muss im Unfallspital geröntgt werden. Ich bin also hingeeilt, aber sie hat den Finger ohne Schmerzen bewegen können, keine äußeren Verletzungen, wahrscheinlich wird er blau werden. Ich habe ein Revers unterschrieben, dass sie auf meinen Wunsch nicht ins Spital fährt. Ich glaube nicht, dass etwas gebrochen ist, die Spitalsumstände würden sie mehr aufregen.

Wieder einmal, wie schon so oft, denke ich, dass ihr Tod nicht mehr fern ist. Sie isst kaum noch etwas, schaut schlecht aus, nichts freut sie.

☙.❧

MENDE 2006

Gestern hätte Vati Geburtstag gehabt. Wir haben ein Gläschen auf ihn getrunken.

Lieber Vati! Ich freue mich ja so sehr, dass Du gesund bist, nur musst Du Dir nicht zuviel Sorgen machen, wie es kommen soll, kommt es doch. Wir werden Deinen Geburtstag feiern, es ist nur schade, dass Du nicht hier bist. Aber ich backe uns einen Kuchen, und Bohnenkaffee gibt es auch, dazu wird dann der Adventkranz brennen, Vatis Bild wird dabei stehen und dann werden wir alle an Dich denken. Siehst Du, so bin ich, ich erzähle Dir das alles ausführlich und Du kriegst nur noch mehr Sehnsucht nach Hause, es ist nicht nett von mir. (Aus einem Brief meiner Mutter an meinen Vater in das Internierungslager Münster/Hannover, 27. 11. 1945)

Heute hat Mutter Kathi das volle Kaffeehäferl über ihren Adventkalender geschüttet, so ein Biest. Kathi war entsetzt. Wieso macht die Omschi das?, fragte sie traurig, und ich sprach mit ihr über die seltsamen alten Leute, die nichts dafür können, dass sie so sind und dass es oft die einzige Ausdrucksmöglichkeit ist für sie, ihren Unwillen zu zeigen.

Ich gehe einkaufen. Am Viktor-Adler-Markt in Favoriten drücken sich die alten Trankler in den zugigen Windfang eines Marktstandes. Die Flasche kreist, alle schauen düster in die Kälte. Der eine reißt mit seinen beiden Zeigefingern seinen Mund weit auseinander, eine dunkle Höhle wird sichtbar. Keine Zähne mehr, sagt er zu seinem Kumpel. Du siehst aus wie ein Fisch, murmelt der düster, eine Frau wirst du nicht mehr finden. Ach, erwidert der Zahnlose, keine Zähne mehr im Maul, das Ficken geht aber noch ganz gut. Die ganze Runde blökt vor Lachen. Diese alten Männer, die sich ihren Verstand versoffen haben, sagt mein Mann, sie können noch so krank, kaputt und hinüber sein, bis der Sargdeckel zu ist, geben sie keine Ruhe.

Als wir gestern mit Mutter aufs Land gefahren sind, war sie wieder gut aufgelegt. Das wechselt so schnell. Nachmittags wurde sie seltsam: Sie fuhr mit der leeren Hand zum Mund, als würde sie aus einer Tasse trinken, fand aber den Mund nicht, ruckte am Tisch, dann wurde sie unwirsch und gleich darauf wieder ganz zahm und anlehnungsbedürftig. Sie isst nichts, hustet, hustet, hustet, und ich bringe sie schon um fünf Uhr nachmittags ins Bett. Die ganze Nacht haben wir uns mit der Betreuung abgewechselt, sie liegt röchelnd im Bett, weggetreten, so als wollte sie sterben. Nachts sagt sie zu mir: „Ich werde mal rüber auf die andere Seite gehen." Was das wohl heißt? Sie ist schwach, schläft, stöhnt, ist dankbar, wenn man sie streichelt, ich denke nach, schlafe kaum, mir fallen so viele Dinge ein, die ich tun sollte, wie ich ihr helfen könnte.

Wir sind heute schon wieder nach Wien gefahren. Den Notarzt haben wir nach langem Hin- und Herüberlegen nicht angerufen, er würde Mutter ins Spital einliefern, und da kommt sie möglicherweise nicht wieder raus.

Ich habe inzwischen doch den Arzt gerufen, er meinte, es sei keine Lungenentzündung. Dennoch rechnen wir irgendwie mit allem.

„Das ist Terror", sagte meine Mutter oft, wenn die amerikanischen Düsenjäger mit Überschall über die Stadt flogen. Es schepperte und knallte, und nicht selten gingen Fensterscheiben zu Bruch. „Die wollen's wieder genau wissen", sagte Mutter, und mein Vater meinte: „Die Bonzen da oben werden es niemals lernen, nur wir Kleinen sollen immer unseren Arsch hinhalten." Die Lieblingslektüre meiner Eltern war damals Zuckmayer, „Des Teufels General" und Tucholsky, „Tiger, Panther und Co.". Sie borgten sich alle Bücher in der städtischen Bücherei aus, mein Vater fuhr mit dem Fahrrad dorthin. Ein Teil meiner Kindheitserinnerungen besteht aus den im Ehebett liegenden, lesenden Eltern.

Viel Lärm um nichts. Habe Mutter gestern Abend, nachdem wir nach Wien gefahren sind, ein hustenlösendes Medikament gegeben, nun hustet sie wie ein altes Walross, ist aber ganz fidel und macht ihre Scherzchen, wirft Julius Kusshändchen zu. Sie hat morgens einen Teller Haferflockensuppe gegessen, nun ein Butterbrot verdrückt und Holundertee getrunken, es geht ihr verhältnismäßig gut, nachdem wir sie gestern gedanklich schon dem Jenseits übergeben hatten. Das war nun Probesterben Nummer wie viel?

„Schöne Grüße von deiner Tochter Christa", sag ich. „Christa?" „Na die aus Bonn mit dem Schabbermaul", sag ich. „Ach die", sagt Mutter, „schick ihr doch mal ein paar Salate." Sie kann nicht wirklich etwas anfangen mit der Information, macht aber ihre Grimassen, während sie an ihrem Brot kaut. Als ich sie frage, ob sie eine Runde spazieren gehen möchte, erwidert sie: „Das wär' mir ein bisschen zu stativ."

Mutter ist wieder im „Kindergarten", ganz langsam geht es aufwärts. Sie muss gefüttert werden, mühsam ist es, ihr die Medikamente und den Hustensaft einzuflößen, sie spuckt manchmal alles quer über den Tisch. Wenn sie das Essen verweigert und angewidert den Mund verzieht – wie vorgestern: ich bin extra einkaufen gegangen, Hendl, damit sie eine kräftige Brühe zu trinken bekommt, die hat sie auch einfach ausgespuckt –, könnte ich ihr den Teller über den Kopf schütten. Es wäre gelogen, wenn ich behaupten würde, ich hätte in solchen Momenten keine Aggressionen.

Jetzt ruft sie hinter meinem Rücken: „Wo bist du denn", sie ist ungehalten, weil sie nicht im Mittelpunkt meines Interesses ist.

Es geht ihr schlecht. Sie hustet. Ich muss sie löffelweise füttern. Trotzdem geht sie in die Tagesgruppe. „Du machst das alles gütlich", sagt sie zu mir, als ich sie abends einreibe. Und zu ihrem Teddybär, den ich ihr hinhalte: „Ach komm, komm, komm." Da liegt sie nun und schmiegt ihr welkes Gesicht in das weiße Fell.

Erstaunlich, Mutter geht es wieder besser, und sie ist hell da. Als ich sie vom Auto des Fahrtendienstes abholte, hat sie gestrahlt. Im Lift sagte sie zu mir: „Wir gehören ja doch zusammen." Zu Julius sagte sie morgens: „Komm doch her", streichelte sich über die Wangen, warf ihm Küsse zu und sagte: „Ich bin ja doch noch ganz schön."

Am Nachmittag hab ich sie geärgert: habe Ball mit ihr gespielt, sie wollte aber nicht, und dann hab ich ihr den Topflappen immerzu hingeschmissen, bis sie böse wurde. „Lass das!" Dann hat sie die Zähne gefletscht und gesagt, „Großmutter, wo bist du?" Jetzt liegt sie in ihrem Sessel und brabbelt vor sich hin.

Mit einem Nachbarsbuben spielten wir manchmal Doktor. Unter einer Decke machten wir all das, was wir von unserer Ärztin Frau Dr. Pannek kannten: Fieber messen, Zunge rausstrecken und Einlauf geben gegen die Würmer. Ein Nachbarsmädchen, das uns wohl beobachtet hatte, zischelte jedes Mal, wenn sie mich sah: Gleich gehe ich zu deiner Mutter und erzähle ihr alles. Ich hatte keine Ahnung, was sie meinte, hatte aber höllische Angst, sie würde es tun. Mit meiner Mutter habe ich nie darüber geredet. Dass durchs Reden ein Bann gebrochen werden könnte, kam mir nicht in den Sinn.

ꟷ

Auf und ab, Mutter geht's nicht gut, Husten. Sie geht immer mit dem weißen Teddybär von Kathi schlafen, streckt nach ihm die Arme aus und sagt: „Komm doch her, mein Kleiner."

Mein großer Bruder hat ihr eine Weihnachtskarte geschrieben, „... wünschen Dir weiterhin bestmögliche Gesundheit. Grüße an ..." Was weiß er schon von seiner Mutter.

ꟷ

Weihnachtsfeier im Tageszentrum. Es gibt ein Weihnachtsessen, Braten mit Rotkraut, danach Kaffee und Kuchen, vorne leuchtet ein Weihnachtsbaum. Wieder das Programm mit den jungen, feierlich gekleideten Sängerinnen, von Bach bis Strauß. Die Angehörigen füttern ihre Schützlinge. Als ich komme, sitzt Mutter vornüber gebeugt wie ein verlorener Vogel an der langen Tafel, starrt vor sich hin und hält ihre Puppe auf dem Schoß. Als Journalistin habe ich einmal ein solches Bild – eine verwirrte alte Frau mit einer Puppe in der Hand – einem Text beigestellt und erinnere mich daran, wie es mich zum Weinen brachte. Nun gibt meine Mutter ein solches Bild ab. Sie blickt mit leeren Augen ins Nichts, hält sich an ihrer Puppe fest, und als ich auf sie zugehe, starrt sie mich an. Sie erkennt mich nicht. Ich umarme sie, sie reagiert nicht. Als ich zur Begrüßung in ihr Ohr flüstere und über ihre welken Wangen streichle, erwacht sie aus der Starre, sagt „Muttchen" zu mir und lächelt mich an.

Ich füttere meine Mutter mit Knödel, Rotkraut und Soße, aber sie verzieht den Mund und wendet sich ab. Sie isst sehr schlecht, sagt die Betreuerin zu mir, und ich weiß nicht, was ich tun soll. Es wird schließlich als Erfolg gesehen, wenn ein paar Happen im Mund bleiben. Ich probiere es mit dem Pudding, sie schluckt ein paar Löffel runter. Während „Oh Tannenbaum“ und „Stille Nacht“ von den zwei Damen geträllert werden, kommt mir der absolut erbarmenswürdige Zustand dieser verlorenen, verlassenen Gesellschaft zu Bewusstsein. Nach der kein Hahn kräht.

ᘓ.ᘒ

Alle Welt rätselt, was denn einmal mit den Alten werden soll. Im grauen Europa wird 2050 die Hälfte der Bevölkerung über 49 Jahre alt sein. Unter 25 werden zu diesem Zeitpunkt in unseren Breiten nur mehr 23 Prozent der Menschen sein. Wie werden Wirtschaft und Politik darauf reagieren? Pensionsalter hinauf, wenn es keine Arbeitsplätze gibt, kann ja nicht die Lösung sein. Ich würde gerne noch arbeiten, aber wo denn mit meinen 63 Jahren? Und ist das, was ich seit drei Jahren mache, nämlich einen alten, demenzkranken Menschen zu pflegen, denn eigentlich keine Arbeit? Nicht wirklich, zumindest volkswirtschaftlich gesehen, denn sie ist unsichtbar, umsonst und schafft keinen Mehrwert.

Wenn der scharfe Ostwind wehte, war es in unserer Dachmansardenwohnung in der Baseler Straße saukalt. Meine Mutter heizte den weißen Küchenofen ein, was das Zeug hielt, aber in der Wohnung pfiff es aus allen Winkeln. Im Sommer wieder war es so heiß, dass Mutter die Fenster verhängte und „auf Durchzug schaltete“, wie sie das nannte. Wir hatten keinen Kühlschrank, und Mutter stellte den Sanella-Margarinewürfel in einen Topf und ließ das kalte Leitungswasser darüberrinnen.

Noch vor kurzem habe ich mit leisem Stolz in der Stimme gesagt, dass meine Mutter bald das stattliche Alter von 95 Jahren erreicht haben wird. Heute sage ich es fast nur noch kleinlaut, weil ich merke, dass Altern eine Zumutung für die Gesellschaft ist. Schon fast Sozialschmarotzertum.

Ich hatte einmal eine schreckliche Vision: Es werden staatlich geförderte Altenentsorgungsanstalten gebaut. Jede Familie, die einen alten Verwandten überredet, dort hinzugehen, bekommt einen Bonus für die eigene Pension angerechnet. In der Altenentsorgungsanstalt wird natürlich menschlich gestorben. Die staatliche Förderung umfasst nicht nur den schmerzlos und pietätvoll eingeleiteten Sterbeprozess, sondern auch alle Feierlichkeiten bis hin zum Orgelspiel. Nur der Leichenschmaus muss selbst berappt werden. Entscheidend bei der menschlichen Überredungskunst zwischen den Generationen ist die Freiwilligkeit. Die Einsicht in die altersluge Vernunft ist gefordert. Und weil immer mehr Menschen im Alter an Demenz leiden werden, ist es ratsam, beizeiten mit der Sterbeüberredung anzufangen und einen diesbezüglichen Vorsorgevertrag für das rechtzeitige Abtreten abzuschließen. Die privatisierten Amtsstuben werden dabei helfen, und in freier Konkurrenz werden auch unterschiedlichste Angebote für den Familienbonus auszukundschaften sein. Da alte Omas und Opas für das Studium der Enkel selbst ihr letztes sauer vom Mund abgezwacktes Sparbuch opfern, werden sie auch ihr Leben freiwillig hingeben, wenn die nachfolgenden Generationen dadurch mehr Zukunft haben.

Liebes Frauchen! Heute ist nun der erste Weihnachtsfeiertag, und ich will Dir berichten, wie es uns in den letzten Tagen ergangen ist. In der Nacht vom 23. zum 24. sind wir wieder mal umgezogen, wir dachten erst, dass wir die Feiertage unterwegs sind, aber es ging noch mal gnädig … Am Heiligabend kamen wir im neuen Raum an, die Gegend ist hier überall gleich, du siehst nur die langen Reihen der Weinreben, klar ist hier wieder in der Ferne der Bergstreifen der Appeninen zu sehen. … Wir liegen hier in Ruhestellung, das Bumbum hören wir nur noch aus der Ferne … Unseren Baum, einen kleinen Krüppel von Latschenkiefer, hatten wir ganz prima geschmückt, ich machte aus Baumwolle Schneeflocken, aus Zellophanpapier wurden Lamettastreifen geschnitten und sogar Lichter hatten wir. Unterm Baum bauten wir die Bilder von unseren Lieben auf, und so war es, als wenn ihr bei uns wärt. Dann kamen die italienischen Wirtsleute zu uns rauf, wir sangen unsere alten deutschen Weihnachtslieder, und nach einigen Gläsern Wein fingen auch sie an zu singen. (Brief meines Vaters an meine Mutter von der Front in Italien, 25. 12. 1944)

Heute Nacht träumte ich, ich sei zur Beerdigung meiner Mutter nach Berlin gefahren. Meine Schwägerin sagte: Ihr werdet eure Mutter nicht erkennen – sie und ihr Mann haben die tote Mutter zum Friseur geschafft und ihr eine letzte Dauerwelle angedeihen lassen.

2007

Der Jahreswechsel ist nicht ganz so harmonisch verlaufen wie in den vergangenen drei Jahren. Zwar sind wir ins Waldviertel gefahren und haben mit den Kindern und Enkeln, wie jedes Jahr, Weihnachten und Silvester gefeiert. Aber wir sind gestresst, erschöpft, eine bleierne Leere liegt über uns. Eine düstere Ahnung schleicht sich in den Alltag. Wie lange wird sich unser Leben in dieser Form abspielen?

Nach einer sehr unruhigen Phase des Auf und Ab um Weihnachten herum ist Mutter nun richtig krank geworden. Sie hustet sich die Seele aus dem Leib. Unser Arzt hat ihr Antibiotika verschrieben, zum Glück ist es keine Lungenentzündung. Die Medikamente kann ich ihr nur mit großer Mühe einflößen. Ich habe sie ins Wohnzimmer umgebettet, damit sie nicht so weit weg ist und uns immer sehen kann. Zum einen bekomme ich dadurch besser mit, wie es ihr geht, zum anderen hat sie vielleicht das beruhigende Gefühl, nicht abgeschoben zu sein. Ich habe einen Berg Kissen unter ihren Rücken gestapelt, um sie höher zu lagern, eine Knierolle unter die Füße, damit ihre Fersen nicht wund werden, ich wickele sie, weil sie nicht alleine auf die Toilette gehen kann, reibe ihre Brust und ihren Rücken oftmals mit einer schleimlösenden Salbe ein, um ihr das Atmen zu erleichtern, und bette sie stündlich von der einen auf die andere Seite, weil ich Angst habe, sie könnte sich wund liegen.

Kleines Frauchen! Ich muss Dir jetzt etwas öfter schreiben, weil ich mich gerade jetzt in dieser kritischen Zeit näher als je mit Dir verbunden fühle. Ich bekam heute, nach längerer Zeit, zwei Briefe von Dir, und zwar den von Silvester und den vom 11.1. aus Altranft. Ich bin ganz bestürzt, dass es mit der Feuerung so schlecht dort bestellt ist, das wäre ja schlimm, wenn ihr frieren müsstet und sogar Strom und Gas gesperrt sind. Ich habe schon darüber nachgedacht, ob es nicht vielleicht doch besser ist, wenn Du für ganz nach Berlin zurückgingst. Ich kann mich überhaupt nicht mehr in Euer Leben reindenken, dazu bin ich zu lange von Euch weg. (Aus einem Brief meines Vaters an meine Mutter von der Front in Italien, 25. 1. 1945)

Am mühsamsten ist es, ihr die notwendige Flüssigkeit einzutrichtern. Ich sitze auf ihrem Bettrand und gebe ihr löffelweise den Tee. Immer wieder spuckt sie ihn aus, immer wieder versuche ich, dass sie ihn im Mund behält und hinunterschluckt. Mittags koche ich Griesbrei in der Hoffnung, dass sie einige Löffel essen wird, aber vergebens. Sie schwitzt, hat aber kein Fieber. Die meiste Zeit döst sie vor sich hin, ab und zu schreckt sie hoch, ihre Augen weiten sich, und wenn sie mich sieht, sinkt sie erschöpft, aber offensichtlich beruhigt wieder in die Kissen zurück.

Wie ist das mit dem Sterben? Wird sie sterben? Wann werden wir sterben? Und wie? Der Beginn des neuen Jahres ist überlagert mit Todesgedanken.

Nachts stehe ich unzählige Male auf und horche auf ihren röchelnden Atem. Ich habe Angst, dass sie aus dem Bett fällt, und stelle einen Sessel davor in der Hoffnung, dass sie nicht drüberklettern wird. Aber, so denke ich, dazu ist sie einfach zu schwach. Ein Krankenbett wird von der Postbeamtenkrankenkasse nicht finanziert. Außerdem ist es bedrohlich, so ein Ding wie ein warnendes Symbol für Endzeit im Zimmer stehen zu haben.

In der Nacht sitzen mein Mann und ich in der Küche und überlegen, wie es weitergehen kann. Wie lange haben wir die Kraft für diese Intensivbetreuung? Meinem Mann geht es in letzter Zeit auch gar nicht gut, es zehrt alles an unseren Nerven. Unser Hausarzt, der Mutter betreut, meint, es sei besser, wenn sie zu Hause gepflegt wird, denn im Spital komme meist noch irgendein Infekt dazu. Auch wir kommen zum Schluss, dass der Aufenthalt in einem Krankenhaus vielleicht ihre letzte Station sein könnte und sagen uns, dass wir es noch ein bisschen probieren mit der häuslichen Pflege. Im Grunde genommen ist es ja trotz aller Beschwernisse des Wickelns und Hebens leichter, weil Mutter nicht aufstehen und unruhig im Haus umhergehen kann. Die Angst, dass sie stolpert und sich verletzt, ist dadurch gebannt. Was ich nicht bedacht bzw. unterschätzt habe: die psychische Belastung. Wir werden, wenn wir wieder in Wien sind, entscheiden, ob nun die Zeit für ein Pflegeheim gekommen ist.

Ich hätte in einer Galerie zu arbeiten beginnen können, um der häuslichen Enge und dem Pflegekreislauf zu entkommen. Julius hatte mir zugeredet, als ich das Angebot bekam und gemeint, er würde Mutter während meiner Abwesenheit versorgen. Nachdem es Mutter Weihnachten so schlecht ging, habe ich der Galeriebesitzerin inzwischen jedoch abgesagt.

Mutter hat sich erstaunlich schnell erholt. Ihre Augen sind wieder blank, und sie isst nun auch kleine Häppchen. Ich fasse sie hinter dem Kopf und unter den Knien und setze sie mit einer Drehbewegung im Bett auf. Dann nehme ich sie bei den Händen, lasse sie ein Weilchen stehen. Das geht ganz gut. Aber jetzt fällt mir auf, wie dünn sie geworden ist. Die Hosen rutschen, das Nachthemd schlottert um ihren schmalen Körper. Ich schaffe es, dass sie ein paar Schritte geht: Ich halte ihre beiden Hände und gehe rückwärts, sie folgt mir mit wackeligen Schrittchen. Das machen wir mehrmals am Tag.

ꟿ.ꟿ

Heute Sonne, mildes Wetter, ich setze Mutter in den Rollstuhl, wickele sie in eine dicke Decke und obenauf das Lammfell, setze ihr die Pudelmütze auf und fahre sie ein wenig in der Sonne spazieren. Sie bekommt rosa Bäckchen. Und sie isst mittags wieder ein wenig – Griesbrei, der Süßschnabel. Es geht ihr besser, aber sie wird immer dünner. „Put, put, put, put, ein kleines Schönchen haben wir hier", sagt Mutter zur Katze, die sich auf ihren Schoß gelegt hat. „Ach Kleenchen", murmelt sie und streichelt ihr Fell. Sie mag Tiere, da wird sie immer ganz weich und zärtlich.

Wir hatten als Kinder eine Katze, die Toni, und einen Hund, den Tippi. Toni war eine Tigerkatze, für mich war sie aber ein verwunschener Prinz, dem ich all meine heimlichen Gedanken anvertraute. Eines Tages stürzte sie vom Dach, auf welchem sie immer spazieren ging, zwei Stockwerke in die Tiefe. Für mich war das wie mit dem Frosch, der in den Brunnen fällt und als Prinz wieder auftaucht. Wir konnten die Toni gesund pflegen. Tippi war ein kleiner, schwarzer Mischlingsschnauzer, den wir von den Amerikanern gegenüber geschenkt bekommen hatten. Er ging immer mit meinem Vater – und nicht umgekehrt – zu Breitzkes, einer Berliner Kneipe, auf ein Bier. Tippi wurde von den Amis eigentlich Tipsy genannt, was soviel wie betrunken heißt. Sie hatten ihm nämlich einmal Bier zum Trinken gegeben, und der arme Hund torkelte durch die Gegend.

„Wo kommst du denn her? Du fährst bis nach Zehlendorf", zärtelt Mutter zur Katze. „Mein ganz kleiner Klummer bist du." Dann sitzen wir im Zimmer und sie schaut auf mein Weihnachtsgeschenk – sämtliche Bachwerke auf CD. Sie schaut und schaut und buchstabiert plötzlich „B – BACH." Und sie strahlt. „Mensch", sage ich, „du kannst ja lesen!" Und sie strahlt noch mehr vor Stolz.

Am Vormittag gehen Julius und ich ein Stündchen spazieren. Es ist die Zeit, in der Mutter immer auf dem Sofa im Wohnzimmer schläft. Als wir zurückkommen, steht sie, die kleine Else, auf Socken am Fenster, aufgeregt stammelt sie: „Ich, ich, ich, habe, habe, so große Angst gehabt." Sie schaut mich verloren aus ihren grüngrauen Augen an, so hoffnungslos, dass mir die Tränen kommen. Ich schließe sie in die Arme, wiege sie hin und her, streichle ihren weißen Haarschopf und sage: „Meine Kleine, du musst doch keine Angst haben, wir sind doch hier."

Die weihnachtliche Grippe scheint überstanden. Wir haben heute einen kleineren Spaziergang gemacht mit Mutter, sie hakelt sich rechts und links bei uns ein, es geht aber nur schleppend und auch nicht lange. Sie geht gebeugt wie ein U-Hakerl und schlurft mit ihren Füßen, als würde sie durch tiefes Wasser waten.

Mittags sind wir wieder nach Wien zurückgefahren. Mutter hatte zwar morgens gut gefrühstückt, aber sie wollte den ganzen Tag wieder nichts essen, auch abends nicht, als wir in unserer Wiener Küche das Abendbrot herrichteten – Nudeln mit Ei und Schinken und Salat.

Sie verweigert das Essen. Schaut einen dabei aber ganz herausfordernd an. Ich will ihr zwei Abführtabletten geben, weil sie wieder länger nicht am Klo war, sie spuckt aber alles aus, klemmt den Mund zusammen, sagt „pfui Teufel" und verzieht angeekelt das Gesicht. Ich stopfe ihr die beiden kleinen Tabletten mit einem Teelöffel in den Mund, sie spuckt mir alles ins Gesicht. Ich kriege eine Wut – wie soll man sich zusammennehmen, wenn jemand so bockig und grantig ist? Es steigt heiß in mir hoch und ich sage mir: zusammennehmen, abprallen lassen, sie kann nichts dafür, sie kann nichts dafür, sie kann nichts dafür, das sage ich mir mehrmals und spüre, wie mein Zorn dennoch nicht abnehmen will. Ich lasse die Tabletten, die auf dem Küchenboden kleben, links liegen, schnappe mir Mutter, führe sie in ihr Zimmer, ziehe sie aus und bringe sie ins angewärmte Bett. Sie haut mir mit der Hand auf den Hintern, sagt „du Olle, du Olle“. Dann liegt sie stocksteif im Bett, presst den Mund zu einem Strich zusammen, wendet den Kopf, als ich ihr gute Nacht sagen will, und ist versteinert. Dann eben nicht, sage ich knapp, mache die Tür geräuschvoll zu und schäme mich. Gehe wieder rein und lege meinen Kopf an ihren und frage, ob alles wieder gut ist. Sie wendet sich weg, schaut mit leerem Blick an die Decke. Ich gehe wieder raus. Nach einiger Zeit gehe ich wieder hinein und streichle ihr Gesicht, mir kommen die Tränen, warum habe ich eine solche Wut bekommen?

Julius tröstet mich, sagt, dass dies schließlich die einzige Art für Mutter sei, sich zu wehren, sie hat ja doch nur so eingeschränkte Möglichkeiten, ihren Unwillen zu äußern. Ich verstehe plötzlich wieder einmal, aus welcher Gefühlslage Misshandlungen oder Aggressionen in der Altenbetreuung kommen, von denen manchmal in den Medien die Rede ist. Diese verdammte Hilflosigkeit und das Ausgebranntsein.

Ich gehe, beruhigt durch das Gespräch mit meinem Mann, noch einmal in ihr Zimmer. Mutter liegt im Bett und lächelt mich an. „Du bist gut“, sagt sie, „komm, du bekommst ein Küsschen“. Meine liebe, liebe Mama. Das ist der Vorteil einer Demenzkrankheit – die Erinnerung ist so flüchtig. Ich könnte heulen vor Scham. Ich denke, ich muss mich jeden Abend so von ihr verabschieden, als ob es der letzte ist, und ich weine über mein Unvermögen.

Mutter verweigert wieder die Nahrung, pflanzt mich mit dem Essen. Wehrt entschieden und empört die Banane ab, die ich ihr abschäle. Schaue ich weg, greift sie hin und schiebt sich ein Stückchen in den Mund, um es dann angeekelt auszuspucken. Doch dann wieder koche ich dreimal etwas anderes in der Hoffnung, sie würde doch ein paar Happen zu sich nehmen. Nichts zu machen, sie presst die Lippen aufeinander und sagt „nein“. Dann wieder koche ich ihr einen Griesbrei, den sie so mag. Sie verweigert. Schiebt den Teller entrüstet weg. Ich bitte sie, sage, „iss doch etwas, hast du denn keinen Hunger?“ Sie erwidert beleidigt: „Ja schon, aber ich kriege ja nichts.“ Ich gehe heute gelassener damit um. Schließlich muss ich lachen über ihre kleinen Tricks, mit denen sie mich ärgern und meine Aufmerksamkeit gewinnen möchte.

Einmal war meine Schwester wohl vorlaut und meine Mutter wollte sie zur Rede stellen. Das Bild ist in meinem Kopf gegenwärtig: Mutter steht am runden Tisch und klopft mit dem Zeigefinger auf die Kante: „Hierher kommst du!“ Meine Schwester gegenüber am runden Tisch denkt nicht daran. Meine Mutter beginnt, um den Tisch herumzulaufen, meine Schwester auch. Dann in die entgegengesetzte Richtung.

Das ging eine ganze Weile so, ohne dass die beiden sich näher kamen, ich glaube, Mutter hat sich so ihre Wut aus dem Leib gerannt und meine Schwester ihre Angst.

Die Postbeamtenkrankenkasse pflanzt mich genauso. Am 14. Juli letzten Jahres schrieben sie mir im Zusammenhang mit der endlich bewilligten Erhöhung des Pflegegeldes: „Es besteht ein Anspruch auf zusätzliche Betreuungsleistungen (§ 4 Absätze 16 und 17 der allgemeinen Versicherungsbedingungen ab 1.5.2006).“ Ich fragte damals zurück, ob man das extra beantragen müsse, was ich somit tun möchte, oder wie vorzugehen sei. Sie schrieben am 29.9.06 zurück: „Zur Erstattung der Betreuungsleistung müssen die entsprechenden Rechnungen eingereicht werden.“ Ich kopiere also alle Rechnungen des ganzen Jahres von der Caritas Sozialis und dem FSW, die für Mutters Tagesbetreuung zuständig sind, und schicke den ganzen Packen per Einschreiben nach Stuttgart.

Heute schreiben sie mir zurück: „Leistungen der privaten Pflegeversicherung beschränken sich im europäischen Ausland ausschließlich auf Pflegegeldzahlung. Leistungen für Pflegedienste oder Pflegezentren sind nicht möglich, da kein Rahmenvertrag mit den deutschen Krankenversicherungsunternehmen besteht. Des weiters werden auf Überweisungsträger keine Erstattungen vorgenommen.“

Das hätten die mir aber auch schon vorher sagen können, bevor ich den Berg Kopien angefertigt habe. Hab ja sonst nichts zu tun. Was sind eigentlich Überweisungsträger?

Und so schaut die Erstattung dieser Krankenkasse aus: Ich bzw. Mutter muss alle Windelhosen selbst bezahlen (50 Euro für zwei Packungen), den Rollstuhl haben wir auch selbst finanziert, weil die Krankenkasse für ihre im Ausland lebende Klientel nichts an Heilbehelfen zahlt. Krankenkassenbeiträge aber dürfen sie leisten, und das nicht zu knapp, sie sind jetzt gerade wieder erhöht worden. „Beitragsanpassung“ wird das verschämt genannt. Mutter zahlt monatlich 218,80 Euro. Mutters Rente jedoch wurde gerade mal um einen Euro erhöht.

„Mein Liebchen, hörst du mich nicht“, sagt Mutter. Will mich in ihrer Nähe haben. Sie verweigert wieder das Essen, verliert ihre Zähne, und auch die Prothese hält nicht mehr. Sie in diesem Zustand auf den Zahnarztsessel bringen? „Du musst etwas essen, sonst fällst du vom Fleisch“, sage ich. Und sie: „Nein, ich hab meinen Tei.“ „Wo denn“, frage ich. „Na da wo der Hunger ist“, erwidert sie.

Doch dann ist sie wieder ganz da. Gestern greife ich ihr auf den Bauch, wo von der Trainingshose eine Kordel herabhängt. Sie schaut mich etwas empört an und sagt: „Was geht denn dich das an?“ Recht hat sie.

Wir trauen uns, Mutter tagsüber wieder ins Tageszentrum zu bringen. Das heißt, wir fahren sie in der Früh selber mit unserem Auto dorthin und holen sie am Nachmittag wieder ab, weil sie es nicht mehr schafft, in den Transportbus der Caritas einzusteigen. Die Stufen sind zu hoch und sie kann nicht mehr gebückt hineinkrabbeln, wie sie es bisher getan hat.

Heute Morgen wollte sie nicht aufstehen. Ich sage, „na nun komm, du faules Luder“ und sie: „Scheiße.“ In der Küche dann, als sie sich am Frühstück herrichtenden Julius vorbeidrückt, sagt sie zu ihn: „Hau ab, Arsch weg“ und klopft ihm auf den Hintern. Dann hat sie ganz unverhofft mit großem Appetit gegessen, als würde sie wissen, dass wir uns gesagt haben: Solange ihr noch das Essen schmeckt, kommt sie in kein Pflegeheim.

Heute Abend findet dort wieder die Gesprächsrunde statt, die Angehörigen von Demenzkranken tauschen sich aus. Ich höre mir ihre Schwierigkeiten an, denke, dass ich noch gut dran bin, denn mein Mann versorgt Mutter, während ich hier sitze. Die eine Frau erzählt von ihrer Isolation, dass sie keinen Freundeskreis mehr hat, seit sie ihren Mann pflegt. Alle Bekannten würden sich abwenden, weil sie nicht mit den Problemen belastet werden wollen, die diese Intensivpflege von Demenzkranken fraglos bedeutet. Es ist wohl auch die Angst, die Außenstehende empfinden, wie bei einer ansteckenden Krankheit mit einer Wirklichkeit konfrontiert zu werden, von der man lieber nichts wissen möchte.

Eine andere Frau spricht von ihrem Mann wie von einem Kind, er weigere sich, in die Tagesbetreuung zu gehen. Er würde sie so steinerweichend anschauen, bitte, bitte flehen, ihr Herz könne sich nicht überwinden, ihn mehrmals in der Woche im Zentrum betreuen zu lassen, obwohl es für sie eine große Erleichterung wäre. Sie weint vor Verzweiflung, Schuldgefühle belasten sie und die Unfähigkeit, sich gegen den Willen ihres Mannes zu entscheiden. Wir reden ihr zu, auch an sich selbst zu denken, sie brauche ihre Kraft, und ihr Mann habe auch nichts davon, wenn sie zusammenbreche. Sie zuckt resigniert mit den Schultern, und wir alle wissen, dass sie es letztlich nicht schaffen wird, sich aus der Verantwortung zu entlassen.

Dieses Wochenende sind wir ins Bauernhaus gefahren, um die Schäden zu begutachten, die der Sturm „Kyrill" bei uns verursacht hat. Der Orkan, der am 18. Januar mit bis zu 225 Stundenkilometer über Europa hinwegfegte, lief im Waldviertel einigermaßen glimpflich ab – am Haus ein paar Dachschäden, kaputte Fensterläden, ein Fensterglas ist gesplittert und abgebrochene Äste liegen herum. Julius hat die Dachschäden gleich repariert. Ich bin mit Mutter im Rollstuhl spazieren gefahren, so schnell, wie der Sturm gekommen ist, war er auch wieder weg. Es hat ihr gut getan. Sie hat ganz aufgeräumt mit uns zu Abend gegessen und ihre Scherzchen gemacht.

Meine Schwester Chris ist für zwei Wochen gekommen, um Mutter zu betreuen. Sie bleibt, so der Plan, in der Wiener Wohnung und wird durch Mutters Tagesbetreuung etwas entlastet sein. Wir haben uns nichts Besonderes vorgenommen, wir wollen ins Waldviertel fahren und alles hinter uns lassen, vielleicht schaffen wir es, hinunter zum Kamp zu diesem schönen, naturbelassenen Fluss zu gehen, wir wollen uns wieder aufeinander besinnen und uns pfleglich behandeln. Die letzten Jahre waren anstrengend. Wir merken, dass unsere Kräfte schwinden. Meinem Mann geht es gesundheitlich nicht gut, er hat verschiedene Untersuchungen vor sich. Also entspannen, Kraft tanken. Und so starten wir morgen voller Zuversicht in die eine Woche Freiheit.

Schon am zweiten Tag Freiheit erreicht uns die Nachricht aus Wien, dass es Mutter sehr schlecht geht. Auch meiner Schwester geht es nicht gut, die Grippe hat beide fest im Griff. Wir fahren kurz entschlossen zurück nach Wien. Hier erwartet uns ein Lazarett: zwei Kranke – eine hustende Schwester und eine wundgelegene Mutter. Es ging über die Kräfte meiner Schwester, Mutter zu heben und sie zu wickeln.

Als Kind hatte ich oft hohes Fieber und Halsentzündungen. Da legte mir Mutter einen kalten Wickel um den Hals und gab ein Wolltuch darüber, „damit die Entzündung aus dem Hals gezogen wird", wie sie sagte. Manchmal verpasste sie mir eine Schwitzpackung, vor der mir grauste, denn es juckte und zwickte und ich konnte mich nicht rühren, weil meine Hände wie einbetoniert in den dicken Decken lagen. Wenn Mutter sagte: „Vati, hol doch mal ein Glas Kirschen aus dem Keller", gab mir das ein Gefühl der Geborgenheit. Das waren selbst eingeweckte Sauerkirschen aus dem Garten, die sollten das Fieber senken, wenn man sie aß.

Ich versorge Mutter, wasche sie, der Urin hat die zarte Haut verbrannt, ich hoffe, dass die wundgelegene Stelle wieder heilen wird, kaufe in dem Sanitärgeschäft Windeln, Salben, besorge aus der Apotheke schleimlösende Tinkturen, koche Essen, flöße Medikamente ein, wasche, wickle – und bin verzweifelt. So haben wir uns den Urlaub nicht vorgestellt. Wir beschließen, alle Kranken ins Auto zu packen und zurück ins Bauernhaus zu fahren. Es hat sich schließlich noch immer als heilsam herausgestellt, das Klima zu verändern. Am Land haben wir auch mehr Bewegungsraum, können ab und zu vors Haus gehen und Luft schnappen. Und es gibt dort unseren lieben Hausarzt, der zu jeder Zeit kommt und uns unterstützt. Er untersucht Mutter und meint, die Lungen seien frei. Ich soll sie regelmäßig einreiben, schauen, dass sie genug trinkt, zwischendurch sollen wir versuchen, dass sie aufsteht, damit ihr Kreislauf wieder in Schwung kommt. Und wieder seine Einschätzung, dass die Gefahr besteht, sich mit einem zusätzlichen Infekt anzustecken, sollte sie ins Krankenhaus kommen. Es gibt keine größere Gesundheitsbedrohung als ein Krankenhaus, sagte einmal ein Arzt zu mir. So gesehen ist das ja auch die richtige Bezeichnung für eine solche Anstalt.

Zum Frühstück schieben wir Mutter im Rollstuhl an den Küchentisch, aber mit dem Essen geht es wieder sehr schlecht. Sie findet mit dem Löffel ihren Mund nicht, ich versuche sie zu füttern, aber sie mag nichts essen, dreht angeekelt den Kopf zur Seite. Mit Mühe gelingt es mir, ihr etwas Tee mit Honig einzuflößen.

Meine Schwester wird wieder nach Wien und dann in ein paar Tagen zurück nach Deutschland fahren, wo sie sich in ihrem Zuhause hoffentlich vom Wiener Virus erholt.

Zwei Wochen Intensivpflege liegen hinter uns. In den schlaflosen Nächten wird die Angst überdimensional.

Ich habe stundenlang an Mutters Bett gewacht: Sie schnauft, hustet, röchelt, manchmal setzt der Atem aus. Tags bin ich erschöpft, versuche sie zu bewegen, aufzusetzen, ich reibe ihren schmerzenden Rücken ein, massiere ihre Waden. Ich überlege fieberhaft, was ich tun soll, wenn Mutter im Waldviertel stirbt. Den Arzt rufen, das ja, aber wie kommt sie dann nach Wien und letztendlich nach Berlin, wo sie, wie sie einmal gewünscht hatte, in das Grab ihres Mannes gelegt werden will. Mir kommen die unsinnigsten Gedanken. Unser Auto, ein schwarzer Kombi, würde gut ein Totentransportauto abgeben, so klein, wie Mutter ist, würde auch der Sarg hineinpassen. Allerdings will sie ja verbrannt werden. Wie auch immer.

Der Schlaf der Vernunft gebiert Ungeheuer. Natürlich ist für alles vorgesorgt: Sie hat einen Vertrag mit einem Beerdigungsinstitut in Berlin, in dem Bestattungs- und Überführungskosten geregelt sind. Doch in den schlaflosen Nächten kommen mir die törichsten Gedanken.

Ich hätte einmal auf meinen kleinen Bruder aufpassen sollen. Der ist ein Nachzügler und 1946 geboren. Er lag noch im Kinderwagen. Meine Schwester und ich spielten und ließen den schreienden Bruder liegen. Als wir nach Hause kamen, hatte er blaue Lippen und ein blaues Gesicht. Er muss, stellte sich dann heraus, irgendwie an einen Kopierstift gekommen sein, das ist so ein Stift, an dem man leckt, um dann wie mit Tinte schreiben zu können. „Kopierstifte sind giftig", sagte meine Mutter. „Du hast nicht auf deinen Bruder geschaut, wenn er morgen tot ist, bist du schuld."

Am Ende der Woche fahren wir schließlich zurück nach Wien. Wir packen die kranke Mutter in einen dicken Daunenmantel, drunter hat sie ihr Nachthemd und dicke Hosen an. Dann stellen wir den Beifahrersitz so niedrig, dass sie fast liegen kann. So kutschieren wir sie durch die Straßen Niederösterreichs, und jeder, der sie da mit halb offenem Mund und geschlossenen Augen liegen sieht, hätte meinen können, wir transportieren wirklich eine Tote.

ꕥ

Heute ist das Faschingsfest im Tageszentrum. Wir haben Mutter nicht hingebracht, weil es nicht geht. Sie ist zu schwach, dünn wie ein Bleistift, ihr Zustand hat sich nicht wirklich gebessert. Die Tage sind lang, und die Nächte noch länger.

ꕥ

Erstaunlich, wie schnell Mutter sich in den letzten vierzehn Tagen wieder erholt hat. Wir sind abends zum Essen bei einer Freundin eingeladen. Die liebe Frau Rechtsanwältin aus unserem Haus, mit der uns inzwischen eine schöne Freundschaft verbindet, wird auf Mutter schauen. Sie wird das Babyphon einschalten und ab und zu nach ihr schauen.

Als wir gerade die Hauptspeise – ein wunderbares Ochsenschleppgericht – serviert bekommen, läutet mein Handy. Mutter sei aus dem Bett gefallen und wir sollten kommen. Wir lassen das köstliche Essen stehen und fahren heim. Dort liegt, weich gebettet und zugedeckt, Mutter auf dem Fußboden ihres Zimmers, die Frau Rechtsanwältin sitzt neben ihr am Boden und unterhält sich mit ihr. Und Mutter fabuliert. Sie ist, obwohl ein Leichtgewicht, zu schwer, um sie alleine aufzuheben, sie kann auch nicht mehr mithelfen beim Aufstehen. Mein Mann und ich heben sie, jeder an einer Seite zupackend, ins Bett. Sie scheint sich nicht verletzt zu haben, und wir sind dankbar, dass wir so eine tolle Nachbarin haben.

Wir merken aber auch, dass die spärlichen Freiheiten enger werden. Nun wird es wohl auch schwieriger, abends wegzugehen, denn man kann es eigentlich niemandem zumuten, unter diesen Bedingungen auf Mutter aufzupassen. Meine Tochter Katja sagt, sie möchte trotzdem einmal in der Woche auf ihre Oma schauen, notfalls legt sie sich zu ihr ins Bett, wenn sie unruhig wird.

ꕥ

Was machen wir nur? Mein Mann sollte kommendes Wochenende auf die Leipziger Buchmesse fahren, sein neues Buch wird dort vorgestellt. Ich schwanke zwischen Hierbleiben und Mitfahren, ich merke, wie wichtig es meinem Mann ist, dass ich ihn begleite. (Und wie froh werde ich später über meine Entscheidung sein, ihn begleitet zu haben!)

Wir haben meinen kleinen Bruder Joachim gebeten, aus Berlin zu kommen und Mutter in der Zeit zu betreuen. In ein paar Tagen ist es soweit. Doch Mutter geht es so schlecht, dass ich befürchte, der Bruder schafft das nicht mit dem Windeln, Waschen, Heben, Füttern.

Ich telefoniere herum, ob es eine ambulante Betreuung gibt, die meinen Bruder unterstützen kann. Jemand, der zum Waschen und Klogehen kommt. Vor einer Woche haben wir schließlich gemerkt, dass einer allein Mutter nicht heben kann. Und die Frau meines Bruders kann aus beruflichen Gründen nicht mitkommen. Es ist schwierig, etwas zu organisieren. Eine Heimhilfe muss beim FSW angefordert werden, das dauert. Es gibt auch von der Caritas so etwas wie einen ambulanten Akutdienst, der muss aber erst organisiert werden, ich solle morgen wieder anrufen.

In meiner Kindheit fuhr manchmal der Pferdewagen durch unsere Siedlung und rief Weißbier und Braunbier aus. Wir hatten einen dunkelgrünen Glaskrug mit Porzellanverschluss und Metallhenkel, ich habe ihn noch heute. Mit diesem schickte uns Mutter zum Bierholen. Wenn mir manchmal schlecht war, sah sie mich aufmerksam an und sagte: „Ach Kind, du siehst ja aus wie Braunbier mit Spucke." Und steckte mich ins Bett.

Ich rufe, einer Eingebung folgend, das Pflegeheim an, wo Mutter seit einiger Zeit vorgemerkt ist. Die Leiterin sagt, wir hätten Glück, es sei gerade ein Zimmer frei geworden, wir müssten uns aber bis morgen um zehn Uhr entscheiden. In der Nacht zerbrechen wir uns den Kopf, wie wir weiter verfahren wollen, immer mit einem Ohr bei Mutter, ob sie noch im Bett liegt und atmet. Wir wägen ab. Pflegeheim würde wahrscheinlich Mutters letzte Station in ihrem fast 95-jährigen Leben sein. Pflegeheim hieße aber für uns, dass wir jetzt, nach vier Jahren Betreuungsarbeit, endlich einmal an uns selber und unser künftiges Leben denken könnten. Schließlich sind wir auch nicht mehr die Jüngsten und sagen uns, dass nun die Zeit kommen wird, in der wir es nicht mehr alleine schaffen mit der Pflege.

Hinzu kommt, dass Julius sich gesundheitlich seit einiger Zeit nicht gut fühlt. Eine Menge Untersuchungen sind ausgemacht. Ein langes Hin und Her in dieser Nacht, ein Abwägen und Verwerfen, ein Pendeln zwischen Verantwortung und neuer Freiheit.

Plötzlich, mitten in diesem langen Nachtgespräch, in dem wir eng beieinander liegen, uns unserer Liebe und Gegenseitigkeit versichern, in dem wir das Für und Wider des Pflegeheims wälzen und ob wir diesen freien Platz wirklich nehmen sollen, sagt mein Mann laut und klar: „Das ist ein Wink des Himmels." Die Entscheidung ist gefallen.

Wir haben Mutter heute ins Pflegeheim gebracht. Das Heim hat uns damals, als wir uns entschieden hatten, sie hier einmal betreuen zu lassen, insofern gefallen, als es mitten im grünen Prater liegt, nicht weit entfernt von unserer Wohnung. Auch die Enkel und Urenkel wohnen ums Eck, sodass regelmäßiger Besuch zu organisieren ist. Außerdem hat es den etwas verschlissenen Charme der sechziger Jahre, vielleicht heimelt das Mutter an. Ihre Wohnung in Berlin hatte ein ähnliches Flair.

Ich packe alle Sachen, die Mutter fürs Erste braucht, zusammen. Mutter scheint zu ahnen, was los ist. Sie verweigert das Frühstück, lässt sich nicht anziehen, macht sich steif und bockt. Immerzu möchte sie aufstehen, schafft es aber nicht, also ruckt sie an dem Tisch und schiebt alles, was sie in ihrer Nähe greifen kann, fort, wirft es auf die Erde. Sie wehrt sich verzweifelt auf ihre Weise. Sie tut mir so unendlich leid. Aber die Entscheidung ist gefallen. Jetzt ist die Zeit gekommen, in der wir an uns denken müssen.

Werner Kellermann hieß er. Das war unser Dorftrottel. Seine Mutter schickte ihn zu uns Kindern in die Postsiedlung, in der wir wohnten, und wir spielten mit ihm. Wir machten uns lustig über ihn, weil er stotterte und keinen vernünftigen geraden Satz herausbrachte. „He Werner", sagten wir, „mach mal ra-ra-ra", und er machte das voller Freude mit rollenden Augen und sabbernder Zunge, wir lachten uns halbtot. Werner strahlte vor Vergnügen. Er war ein gutmütiges Kind, wir waren gutmütige Kinder. Aber die Hierarchie von oben und unten in einem System, das Normen prägt, wurde uns früh bewusst.

Als wir Mutter vormittags in ihrem Rollstuhl in das Heim schieben, schaut sie grimmig mit vorgeschobenem Unterkiefer. Mein Mann kümmert sich im oberen Stock, wo sich ihr Zimmer befindet, um sie, während ich die Formalitäten im Büro erledige. Wir müssen zunächst alles selbst bezahlen von den letzten Ersparnissen, die meiner Mutter noch geblieben sind. Für einen Monat macht das ungefähr 3.000 Euro aus. Ich rechne schnell und weiß, dass Mutter drei, mit etwas Glück vier Monate hier betreut werden kann. Dann sind ihre Ersparnisse aufgebraucht, für die mein Vater hart gearbeitet hat und für die meine Mutter sich Zeit ihres Lebens in größter Bescheidenheit übte. Das ging so weit, dass sie selbst beim Toilettenpapier sparsam war – wie unangenehm war es mir immer, wenn sie die Blättchen einzeln abriss und ich ihr nicht vermitteln konnte, dass sie hier an diesem Örtchen nicht zu sparen brauche.

Ob der FSW dann einen Teil der Kosten übernehmen wird, ist ungewiss. Trotz mehrmaliger Anfragen, mündlich wie schriftlich, habe ich bisher keine Auskunft bekommen. Als ich Mutter vor mehr als einem Jahr für das Pflegeheim angemeldet habe, musste ich hingegen dem Fonds sehr schnell und punktgenau all ihre Einkünfte und Ersparnisse auflisten und Kopien von Sparbuch und Rentenbescheid einschicken. Obwohl ich den gerichtlich genehmigten Sachwalterbericht über die Ein- und Ausgaben beigelegt hatte, genügte dies nicht. Sogar einen Grundbuchauszug vom Haus im Waldviertel, das meinem Mann gehört, musste ich einschicken, weil Mutter dort mit ihrem Zweitwohnsitz gemeldet ist. Als ich das alles erledigt hatte, habe ich trotz Bitte um Auskunft nichts mehr von ihnen gehört.

Die Aufnahmedame im Pflegeheim kann mir auch nicht weiterhelfen – normalerweise finanziere der FSW dazu, wenn die Ersparnisse aufgebraucht sind, aber wie das im Falle einer EU-Bürgerin aus Berlin mit Hauptwohnsitz in Wien sei, könne sie auch nicht sagen.

Monate später wird diese Diskussion um Vermögensgrenze und 24-Stunden-Pflege die SPÖ-ÖVP-Koalitionsregierung beschäftigen, weil die illegale Pflege durch ausländische Kräfte nur mehr bis Ende 2007 amnestiert werden soll. Das heißt, illegal in Österreich arbeitende, billige Pflegekräfte aus den neuen EU-Ländern Osteuropas müssen danach angemeldet sein. Entweder wird eine Pflegekraft von der zu pflegenden Person angemeldet, oder eine freiberufliche Pflegekraft beantragt einen Gewerbeschein. Beide Varianten werden ab Pflegestufe 3, wenn ein ärztlicher Nachweis vorliegt, staatlich gefördert, das Selbstständigenmodell monatlich mit 225 Euro, und 800 Euro, wenn zwei Unselbstständige angestellt werden.

Gestritten wird auch über die Vermögensgrenze. Sozialminister Buchinger hat als Voraussetzung für die staatliche Förderung den Zugriff auf das Vermögen von Pflegebedürftigen angestrebt, was von der ÖVP vehement abgelehnt wird. Niederösterreich und Vorarlberg haben angekündigt auszuscheren und keine Vermögensgrenze einzuziehen, was von Wirtschaftsminister Bartenstein begrüßt wird: „Die Menschen wollen nicht, dass ihr Vermögen angetastet wird, wenn sie sich in Pflege begeben müssen", meint er.

Ein scheinheiliges Argument, denn jeder Mensch, der sich in ein Pflegeheim begibt, muss sein Erspartes bis auf ein Taschengeld (20 Prozent vom Einkommen) auf den Tisch legen. Erst wenn das Ersparte aufgebraucht ist, wird der Pflegeplatz gefördert. Zur Deckung der Pflegeheimkosten werden das Einkommen (Pension, Rente, Pflegegeld, Miet- und Zinserträge) und das Vermögen (Bargeld, Sparbücher, Wertpapiere, Immobilien und Liegenschaften) herangezogen. Falls Einkommen und Vermögen des Pflegebedürftigen nicht ausreichen, springt der Sozialhilfeträger ein und zahlt vorerst die Differenz, versucht aber, sich diese Zuschüsse von den unterhaltspflichtigen Angehörigen zurückzuholen, wobei die Regresspflicht in den einzelnen Bundesländern unterschiedlich geregelt ist.

Das Gefeilsche um die Vermögensgrenze ist ein Scheingefecht, denn die meisten Menschen werden sich die Kosten für die Pflegedienste daheim sowieso nicht leisten können. Die wirklich Reichen haben aber andere Möglichkeiten der Betreuung, zum Beispiel in einer noblen Altenresidenz. Es kann also nur darum gehen, generell für alle pflegebedürftigen Menschen den Zugriff auf ihr sauer Erspartes zu verwehren, denn jene, die Geld haben, finden andere Wege, es vor staatlichem Zugriff zu sichern. SPÖ und ÖVP haben sich letztlich darauf geeinigt, die Vermögensgrenze für die 24-Stunden-Pflege bei 7.000 Euro anzusetzen. Lediglich Vorarlberg und Niederösterreich wollen darauf verzichten, Wahlen stehen vor der Tür.

Ob jemand seinen Angehörigen zu Hause pflegt, ist also eine Finanzfrage. Die illegale Pflege, die nun legalisiert werden soll, kann sich ja sowieso nur ein kleiner Teil der Betroffenen leisten. Denn erstens braucht man dafür die Räumlichkeiten, also ein eigenes Zimmer für die Pflegekraft, und zweitens das Geld, diese zu entlohnen. Ich hatte mich vor vier Jahren bei einer Agentur erkundigt, die tschechische Pflegekräfte vermittelt: Es hätte 1000 Euro plus Essen und Unterkunft gekostet. Wir konnten die Betreuung unserer Mutter nur übernehmen, weil wir eine große Wohnung sowie einen Zweitwohnsitz haben – und eben nicht jeden Groschen dreimal umdrehen müssen.

Liebes Frauchen! Es ist ein wunderschöner Abend, ganz mild, die Sonne geht eben hinter den Bergen der Appeninen, die wir in der Ferne sehen, unter, vor der Tür sitzen die Italiener und singen ihre Lieder. Am Tage war es wieder heiß, überall blüht es jetzt, die Gräben, die die Felder durchqueren, sind fast ausgetrocknet, die Bauern beschneiden die Weinreben oder schippen die Bombentrichter in den Weizenfeldern zu. Die Front ist immer noch ruhig, weiß der Deibel, wann es wieder losgeht. (Aus einem Brief meines Vaters an meine Mutter von der Front in Italien, 16. 3. 1945)

Das Zimmer in dem Pflegeheim hat Platz für zwei Betten, zwei Nachtkästchen, einen Tisch, zwei Sessel und einen Kleiderschrank. Ein kleines Klo mit Dusche ist vom Vorraum aus zu erreichen. Eine große Tür, die auf einen Balkon führt, lässt den Blick auf das Riesenrad frei. Das Zimmer ist rosa gestrichen. In dem zweiten Bett liegt eine Frau, die mit hoher, weinerlicher Stimme immerzu „bitte, bitte, Schwester, Schwester“ ruft. Das trifft sich gut, denn meine Mutter ist schwerhörig.

Mir fällt auf, dass das Pflegepersonal international ist: Die Frauen und wenigen Männer kommen aus Polen, Tschechien, der Slowakei, Vietnam, China, Ex-Jugoslawien, Indien oder Bangladesh und was weiß ich, woher noch. Die Leiterin ist Österreicherin. Alle kümmern sich sehr rührig um ihre Schützlinge, auch wenn sie nicht immer alles verstehen – was auf Gegenseitigkeit beruht: das Personal wegen der Sprache, die PatientInnen wegen ihrem Hirn.

Als ich wieder in das Zimmer komme, sitzt Mutter an dem kleinen, wackeligen Tisch und hat vor sich ein Tablett mit Essen stehen. Ich versuche sie zu füttern, aber sie verweigert die Nahrung. Plötzlich nimmt sie den Löffel und die Gabel in die Hand und schießt das Besteck quer durchs Zimmer. Dann gibt sie der Frau, die hinter ihr auf einer Leiter steht, um Gardinen aufzuhängen, mit dem Ellenbogen einen Rempler, sodass diese fast gegen das Fenster geprallt wäre. Ich nehme Mutter in die Arme und versuche, sie zu beruhigen. Doch dann dieser tiefe, hoffnungslose Blick, mit dem Mutter mich stur fixiert – ich fühle mich elend. Als würde ich sie verraten. Ich streichele ihre welke Hand, die blauen Adern zeichnen sich wie Flussläufe auf einer Landkarte ab. So schmal und zerbrechlich sind diese Finger mit den schön gewölbten Nägeln, nicht zu glauben, dass sie damit einmal die Berliner Kriegstrümmer beseitigt hat. Ich setze ihre Puppe, die ihr das Urenkelkind geschenkt hat und die wir mit ins Heim genommen haben, auf den Tisch, aber Mutter schaut sie ausdruckslos an. Ich nehme den weißen Teddybären, mit dem sie jeden Abend einschläft, und lege ihn auf ihren Schoß. Sie starrt ihn an wie ein lästiges Tier.

Doch dann, nach grimmigem Abkapseln, ganz plötzlich ein Erkennen: „Ach ja, mein Kleiner“, sagt sie zum Bären, „komm doch mal her.“ Wir liebkosen beide das Stofftier, unsere Hände berühren sich. Mutter scheint sich zu beruhigen, während wir in diesem fremden Zimmer sitzen, das nach Desinfektion, Milchkaffee und Klo riecht. Ihre Augen verlieren diese schreckliche, bis in die Tiefe meiner Empfindungen reichende Leere.

Liebes Frauchen! Ich schreib Dir heute schon wieder, weil ich den Brief Oskar mitgeben will. Er begleitet den Transport und kriegt anschließend Fronturlaub. Ausschlaggebend war doch bei der ganzen Sache, dass Oskars Frau an unseren Alten geschrieben hat, und zwar ungefähr so, sie wünscht sich gern ein Kind, und da es dabei aber den Mann nicht gibt, müsste er doch mal kommen! Aber komm nun nicht auf den Einfall, auch etwas zu versuchen. Über kurz oder lang bin ich auch mal zu Hause. Es ist nicht deswegen, weil ich mal wieder mit Dir zusammen schlafen möchte (das natürlich auch), aber es ist gut, wenn man sich, gerade in dieser Zeit, aussprechen kann, wenn man mal wieder zu spüren bekommt, dass man eine Familie hat, wenn ich sagen und zeigen kann, wie lieb ich Dich und die Kleinen habe. (Aus einem Brief meines Vater an meine Mutter von der Front in Italien, 21. 11. 1944)

Wir haben Bilder von ihrem Mann, der Familie, den Kindern und Verwandten aufs Nachtkastl gestellt und übers Bett gehängt, ihre Wäsche in den Kasten geräumt und uns von ihr verabschiedet, ihr versichert, dass wir bald wiederkommen. Wie ein schmerzhafter Stich trifft mich ihre Frage, klar und deutlich und sehr bittend ausgesprochen: „Nimmst du mich mit?“

Heulend stehle ich mich aus dem Pflegeheim. Mir geht es schlecht mit dieser Entscheidung. Aber es muss sein, wir schaffen die Pflege nicht, meinem Mann geht es gesundheitlich nicht gut. Am Wochenende fahren wir nach Leipzig auf die Buchmesse. Der kleine Bruder wird kommen, er wird Mutter täglich im Heim besuchen. Es beruhigt mich, es ängstigt mich, ich fühle mich wie ein zerrissener Vogel im freien Fall.

Dass mich die Entscheidung, Mutter ins Pflegeheim zu geben, so aus der Bahn wirft, habe ich nicht erwartet. Ich heule ununterbrochen und fühle mich wie eine Verräterin. Ich sehe ihr Gesicht vor mir, ihr „danke, danke" bei jedem Handgriff, sie hatte erhofft, sich durch ihre bescheidene, dankbare Art ein Plätzchen hier bei uns zu sichern, und ich habe sie enttäuscht in dieser Hoffnung.

Wir haben Mutter heute morgens besucht, sie hat die Nacht überstanden und sah gut aus, ganz erstaunlich, sie konnte wieder einigermaßen gehen und auch reden. Als würde sie uns zeigen wollen, dass sie doch eh noch alles kann. Als wir in den Tagesraum kamen und sie mich sah, ist sie sofort aufgestanden und hat gesagt: „Ich will zu dir." Dann hat sie immer wieder mit schelmisch-bittendem Blick gefragt: „Nehmt ihr mich mit?" „Darf ich mit?" „Nach Hause?" Sie hat immer wieder meine Hand gestreichelt, „schön, schön" gesagt. Und dann: „Was habe ich falsch gemacht?"

Diese Bilder werde ich nie mehr aus meinem Kopf bekommen: Als ich am Morgen in das Heim komme, sitzt Mutter im Nachthemd auf dem Bettrand. Ihre Zähne sind irgendwo, nur nicht in ihrem Mund. Ihre Beine baumeln dünn und bloßfüßig nach unten, sie sind durch einen Schlitz zwischen Matratze und einen Holzbalken gestreckt, der vor das Bett geschnallt ist und verhindert, dass Mutter rausfällt. Mit dem Unterarm schlägt sie kraftlos auf diesen Holzbalken ein. Immer wieder, immer wieder, sie haut auf diese Sperre und scheint unbeeindruckt davon, dass es sie schmerzt. Die Zimmernachbarin ruft klagend: „Schwester, bitte, bitte!"

Als Mutter mich sieht, seufzt sie erleichtert und winkt mich ungeduldig mit der Hand zu sich, in ihrem Blick ist hilflose Panik. „Komm", befiehlt sie eindringlich, „du kommst her."

2006
MENDE

Die kleine, freundliche Schwester aus China lächelt mich breit an, sie sei noch nicht fertig mit der Morgentoilette, sagt sie, Frühstück hätte Mutter schon bekommen, aber wenig gegessen. Künftig soll ich bitte nicht vor zehn, elf kommen, da würde noch zu viel unerledigte Arbeit warten. Ich helfe beim Anziehen. Dann fahre ich Mutter im Rollstuhl in den kleinen Tagesraum am Ende des Ganges. Dort nicken einige Alte in ihren Rollstühlen vor sich hin. Der Fernseher läuft. Irgendeine Soapserie. Die Frau, die am Tisch vor sich hinstarrt, fängt plötzlich stoisch an zu zählen: ORF eins, ORF zwei, ORF drei ... bei zehn geht's wieder von vorne los. Die Frau in dem Armsessel gegenüber zieht ständig ihre Hosenbeine hoch und ruft „hallo, hallo!" Ich nehme ihre Hand, die sie mir hinstreckt, sie will mich nicht mehr loslassen. Als das Mittagessen kommt, füttere ich Mutter. Mit Mühe schluckt sie ein paar Löffel Suppe. Ich helfe, andere Patientinnen zu füttern, Männer habe ich, bis auf einen sehr netten polnischen Pfleger, noch keine gesehen in diesem Warteraum zum Tod.

Nach dem Essen fahre ich mit Mutter im Prater spazieren. Das Wetter ist sonnig und ungewöhnlich warm für die Jahreszeit. Unten im Stiegenhaus wartet eine ganze Rollstuhlarmada darauf, in Fahrt gesetzt zu werden. Erst später durchschaue ich, dass es ein ausgeklügeltes Fahrstuhlsystem des Wartens gibt, mit welchem diese Menschen aus dem ebenerdigen Esssalon in ihre Zimmer gekarrt werden.

Mutter genießt die sonnige Spazierfahrt und deutet auf die ersten Farbtupfen der Primeln, die von den prekär Beschäftigten des Wiener Stadtgartenamtes in die braune Erde gesetzt wurden. Ein zarter Grünschimmer kündigt den kommenden Rasen an. „Frühling lässt sein blaues Band", ach Vater, wie oft hast du das früher mit verschmitztem Lächeln geträllert. Die Kastanienbäume haben dicke, klebrige Knospen, es wird nicht mehr lange dauern, bis im Prater wieder die Bäume blühen. Schräg gegenüber vom Pflegeheim ist die Meierei, wo wir Kaffee trinken werden.

Bei uns ist der Teufel los, unser Alter zieht einen Laden auf, man kommt sich vor wie im Irrenhaus oder wie im Kindergarten, wenn ich das alles im einzelnen schreiben würde, würdest Du es mir nicht glauben, es schafft eine Stimmung, die unverantwortlich ist. Jeder weiß heute, worum es geht, und jeder hat seine Sorgen, da sollte man solche Mätzchen sein lassen. Da war unser alter Kompaniechef schon anders, und es hat trotzdem alles und noch besser geklappt. Ich bin noch krank geschrieben, aber es geht mit dem Arm schon gut. Nun, mein Frauchen, küsse ich Dich ganz doll, bleib mir immer gut, und beim nächsten Wiedersehen, hoffentlich recht bald, werden wir alles vergessen, was uns jetzt stinkt. (Aus einem Brief meines Vater an meine Mutter von der Front in Italien, 21. 11. 1944)

Ich sehe die vielen Läuferinnen und Läufer auf der Hauptallee im Prater, diese gequälten Gesichter, diese entzückten, entrückten Mienen, dieses Bei-sich-sein-Wollen, diese Selbstentfremdung und diese frequenzmessenden Armaturen an Handgelenken, Input, Output, der menschliche Verbrennungsmotor wird überwacht, angespornt, technisch hochgerüstet, physisch gedopt, psychisch gefoppt, alle haben ihre Ohrenstöpsel angelegt, als würden sie an einer Nabelschnur hängen, selbst Armatur, selbst Maschine, lebe ich noch? Sich an den Startbalken des täglichen Überlebens in Position bringen, kraftvoll, zuversichtlich, Ewigkeit durch qualvolle Lust gewinnen, unsterblich der Glaube an die Machbarkeit, Lebensbeherrschung durch Zurichtung, fit für die Leistungsgesellschaft, die uns das Letzte abverlangt, und wir geben es freiwillig, das Allerletzte, unser Leben. Dann am Ende der Allee diese Verzweiflung, dieses Lustverlöschen, diese verbrauchten Glückshormone und dieses Nichts-wissen-von-Sich und der entzückte, entrückte Blick, der uns am Ende vormachen möchte, wir hätten alles im Griff.

Schräg gegenüber das Pflegeheim, in welchem Mutter mit gekrümmtem Rücken und leerem Blick an der langen Stange den langen Gang angestrengt entlangschlurft, auf und ab, hin und zurück, immer wieder vor und zurück, Stunde um Stunde, sich wie eine Marathonläuferin hineinbewegt ins Gestern, ins Geistern, ins Gespenstern, keine Glückshormone, kein Bei-sich-Sein, nur Qual, nur Mühsal und Vergänglichkeit. Unten im Prater Läufer, oben im Pflegeheim Läuferinnen, und alle laufen an gegen den Tod.

Jeden Tag besuchen wir sie. Das wunderbare Wetter erlaubt Spazierfahrten durch den Prater, Märzenbecher, Tulpen, Primeln blühen, Allergiegeplagte klagen. In der Meierei schleckt Mutter sogar schon ihr erstes Eis. Ich schiebe den Rollstuhl die Praterhauptallee entlang, mein Mann setzt sich auf eine Bank, geht ihr mal, sagt er, ich warte hier auf euch. Diese Bank werde ich später mit anderen Augen ansehen.

Ich fülle im Pflegeheim gewissenhaft einen langen Fragebogen aus, in dem nach Mutters Kindheit, ihren Gewohnheiten und Hobbys gefragt wird. Ich versuche mich zu erinnern, welche Hobbys sie gehabt hat. Es fallen mir keine ein, außer Stricken, Kochen und später Kreuzworträtsel lösen. Ach nein, gelesen hat sie viel – Bücher aus der Städtischen Bücherei oder vom Bertelsmann Lesering. „So grün war mein Tal" von Richard Llewellyn, alle Bücher von der Pearl S. Buck, „Des Teufels General", und viele Bücher von Tucholsky, Zuckmayer, Ringelnatz und auch von Anna Seghers standen bei uns in dem kleinen Regal, das mein Vater selbst gebaut hatte, schließlich war er ja mal Tischler vor seinem Leben als Postbeamter.

Als meine Oma, also die Mutter meiner Mutter, gestorben ist, war unsere kleine Mansardenwohnung von den Duftschwaden der Lindenblüten aus der Baseler Straße erfüllt. Süßlich, fast penetrant, aber vertraut. Der Geruch meiner Kindheit. Der Ton meiner Kindheit war der Amselgesang im Dämmerlicht, so klar und keine Zweifel duldend, so traurig und verloren, mein Vater pfiff oft mit der Amsel ein einsames Duett. Das Foto, das uns vier Kinder nach dem Tod der Großmutter auf dem Sofa sitzend zeigt, strahlt eine große Leere aus. So als würden wir dem Tod ins Auge schauen. Für Kinder ist die Erinnerung an den Tod flüchtig. Die Gerüche und Geräusche der Kindheit hingegen sind ewig.

Wenn ich ins Heim komme, meistens kurz vor dem Mittagessen, tut es mir in der Seele weh, wenn ich sehe, dass Mutter sich wie ein gekrümmtes U-Hakerl an der langen Stange im Gang entlangzieht. Sehr mühsam, sehr ausdauernd, sehr ernsthaft, als gelte es, mit letztem Willen zu einem fernen Ziel zu gelangen. In ihren Hausschlapfen schlurft sie über den grün gesprenkelten Linoleumboden, sinkt immer weiter in sich zusammen, bleibt stehen und schnauft, zieht sich wieder hoch an der Stange und setzt sich erneut in Bewegung auf ihrer Sisyphus-Reise durch eine imaginäre Welt.

Die Schwester klagt, dass Mutter so unruhig ist. Sie sagt das in einem Ton, dass ich mich irgendwie schuldig fühle. Ähnliches hatte ich schon im Altersheim im Waldviertel erlebt, dass einem das Verhalten der Angehörigen zum Vorwurf gemacht wird. Es erinnert mich an die Schulzeit meiner Kinder, wenn eines die Hausaufgaben nicht ordentlich gemacht hatte und ich von der Lehrerin beim Elternsprechtag gerügt wurde. Ich sage der Schwester, diese Getriebenheit gehöre zum Krankheitsbild, aber sie scheint mich nicht zu verstehen. Ich nehme Mutter an die Hand, sie scheint es gar nicht zu registrieren. Erst als wir in dem kleinen Tagesraum ankommen, in dem die ORF-eins-ORF-zwei-Frau und die mit den hochgekrempelten Hosenbeinen sitzen, schaut sie zu mir auf und lässt sich mit einem tiefen Seufzer der Erleichterung in meine Arme sinken.

Heute sitzt dort auch ein Mann in seinem Rollstuhl. Den Blick in stumpfe Ferne gerichtet, versucht er abwesend, den Löffel in den Mund zu schieben, aber vergebens, die Suppe landet auf seinem Bauch. Mutter wird plötzlich aufmerksam und möchte ihm irgendwie helfen, sie versucht, mit der Hand seine Hand zu greifen, aber es gelingt nicht und sie schaut mich bedauernd an. Ich schiebe ihrem Nachbarn den Löffel in den Mund, und Mutter nickt zustimmend. Ich versuche, sie zu füttern, aber sie mag nichts essen. Also füttere ich den Herrn.

Mutters Handgelenke sind wund und offen. Ich frage im Schwesternzimmer, was geschehen sei, aber niemand kann mir Auskunft geben. Ich vermute, dass es vom Einschlagen auf den Balken vor ihrem Bett kommt und veranlasse, dass die Wunde versorgt wird. Bei dieser Gelegenheit erfahre ich, dass der Arzt Mutters Medikamente abgesetzt hat. Warum er das ohne meine Einwilligung getan hat, möchte ich wissen. Vielleicht rührt ja ihre Unruhe auch daher? Aber niemand kann es mir sagen. Ich solle in ein paar Tagen vorbeischauen, wenn der Arzt da sei, er könne mir genauere Auskunft geben.

Ostern. Schönstes Wetter. Meine Traurigkeit will nicht weichen. Wir sind ins Bauernhaus gefahren, in diesen sich zart andeutenden Frühling, dort wollen wir wieder, wie jedes Jahr, mit der zusammengewürfelten Familie und dem Freundeskreis Ostern feiern, Ostereier verstecken, denn die Enkelkinder wünschen sich das so sehr, diese großen Kälber. Also kochen wir ganze Eierbatterien und bemalen sie. Mein Mann hat wieder einmal die lustigsten, listigsten und frivolsten Einfälle: Hahn besteigt Henne, Saatkrähe hackt der anderen ein Auge aus, Osterhase spielt Weihnachtsmann, es sind Design-Ostereier, denn er hat nicht nur die Ideen, sondern beherrscht auch die gestalterische Ausführung. Wir beschmieren unsere Hände mit Schmalz und lassen die bemalten Ostereier in unseren fetten

Handhöhlen kreisen, sie glänzen und strahlen, wir pecken schon mal probeweise, doch erst morgen, Ostersonntag, ist das Eierpecken angesagt. Dazu gibt es Geselchtes, Kren und Milchbrot.

Die Kinder freuen sich, ich aber bin traurig, die ganze Nacht über. Als würde eine tiefschwere Ahnung auf mir lasten. Ich wälze mich im Halbschlaf, ich stehe auf und denke nach, ich lege mich wieder ins Bett, ruhelos, horche auf den Atem meines Mannes, der auch unruhig und schwer ist, und ich fühle eine unaussprechliche Einsamkeit.

Morgens sage ich zu meinem Mann, dass ich es ganz einfach nicht aushalte, meine Mutter zu Ostern in diesem Pflegeheim zu wissen, während wir hier eine Familienfeier veranstalten und dort im Heim alle Insassen von ihren Leuten besucht würden. Mein lieber, lieber Julius umarmt mich und sagt: Ruf doch an, ob wir sie holen können. Mach ich. Natürlich geht das, wir können Omschi über Nacht mit ins Waldviertel nehmen. Ich richte alles her, ihr Bett, ihre Sachen, die Wärmedecke, gut, fahren wir los, sagt mein Mann. Noch bevor alle wach sind, starten wir am Ostersonntag Richtung Wien. Eine schweigsame, nachdenkliche Fahrt, aber ich habe das Gefühl, ich muss es bis zur endgültigen Gewissheit ausprobieren.

Mein Vater konnte alle lateinischen Sonntagsnamen des kirchlichen Kalenders auswendig aufsagen, obwohl er keiner Glaubensgemeinschaft aktiv angehörte: Judika, Palmarum, Quasimodegeniti – dieser Name hatte es mir besonders angetan, erst später sollte er mir im Film „Der Glöckner von Notre Dame“ wieder begegnen – Miserekordias, Jubilate, Kantate, Rogate, Exaudi. Damals lernte man in Schulen offensichtlich andere Dinge und schickte die Jungen in den Krieg. Zu meiner bleibenden Erinnerung gehört die abgrundtiefe Verurteilung meiner Eltern von Kriegshetze. Der Vietnamkrieg ging trotzdem spurlos an unserem Familienleben vorbei.

Als wir im Heim angelangen, habe ich das Gefühl, alle sind froh, dass wir die Mutter holen. Oder bin nur ich froh? Sie ist unruhig, sagen die Betreuerinnen. Es gibt zu wenig Personal, vor allem an den langen Wochenenden, es ist oft nicht möglich, die Alten ihren Krankheitsphasen gemäß zu betreuen. Das wird uns natürlich nicht gesagt, aber ich weiß ja, wie das so läuft in den Betreuungseinrichtungen. Mutter lässt sich von uns abholen wie ein Schaf, das zur Schlachtbank geführt wird. Ich weiß nicht, ob sie weiß, wer wir sind. Die Fahrt zurück ins Waldviertel erleichtert mich auf eigenartige Weise. Da meine Mutter gerne im Auto spazierengefahren wird, verläuft die Rückfahrt schweigsam und mit einem eigenartigen Gefühl von Geborgenheit in dieser Autoblechhülle. Später wird mein Mann zu einem der Kinder sagen, er sei nicht überzeugt gewesen, ob das gut sei, die Mutter zu holen, aber wenn sie sich das einbildet ... Mich hat er damit gemeint.

Ich habe es mir eingebildet, die Mutter noch einmal nach Hause zu holen. So wie man einen Brief noch und noch einmal durchliest, um sich zu vergewissern, dass man das Richtige geschrieben hat. Und dieses Wochenende hat mich überzeugt, das Richtige getan zu haben.

Als wir im Waldviertel ankommen, haben die Kinder, Enkelkinder und Freunde einen schönen Tisch im Freien hergerichtet. Es ist warm, fast schon Frühsommer. Sie haben mit dem Ostereierverstecken auf uns gewartet. Ich versuche, mich auf die Kinder zu konzentrieren, die Freunde, das Essen, das ich noch für alle zubereiten möchte, es gelingt nicht. Mutter erzwingt meine Aufmerksamkeit. Sie sitzt in ihrem um 60 Euro bei Ebay ersteigerten Rollstuhl an der Frontseite des Tisches und dominiert die Runde. Zunächst durch Stöhnen und Klagen, dann, indem sie unentwegt versucht, aus ihrem Rollstuhl zu klettern. Mit welcher Ausdauer und sturen Verzweiflung sie immer wieder aufs Neue ihre Niederlage inszeniert! Ich habe Mitleid mit ihren vergeblichen Fluchtversuchen und beschließe, sie ein wenig im Rollstuhl spazieren zu fahren. Ich schiebe sie die steile Dorfstraße hinauf. Mutter blickt starr vor sich hin und lässt sich teilnahmslos über das rumpelige Dorfpflaster befördern.

Als wir zurückkommen, warten schon alle aufs Ostereiersuchen, ungeduldige Kinder, und es dominiert eine unwirsche Mutter, die nichts weiter möchte als meine Aufmerksamkeit. Ich fühle mich zerrissen, verschlissen. Die Kinder scherzen mit ihrer Omschi, umschmusen sie, zeigen ihr die bunt bemalten Eier – und plötzlich erscheint ein Lächeln auf ihrem alten, faltigen Gesicht. Mit zittrigen Händen zeigt sie auf die Kinder, die Schokoladenhasen und angemalten Ostereier. Es ist, als wäre sie zu Hause angekommen.

Elli macht täglich Großreine. Osterputz. Der Winter ist wieder da, nach Schönwetter und plus 25 Grad jetzt nur null bis minus fünf Grad. Pastor

Martin Luther King in Memphis (Südstaaten) erschossen. Große Unruhen danach in ganz USA. Dutschke am Ku-Damm überfallen, Schüsse mit Pistole, Attentäter von Polizei zusammengeschossen, nicht vernehmungsfähig, um Dutschkes Leben bemühen sich Ärzte. Ostersonntagmorgen, Sonne, kühl. Ich höre Mozarts Nachtmusik, Griegs Klavierkonzert, Brahms 1. Symphonie. (Tagebucheintragung meines Vaters, 14.4.1968)

Ich schiebe Mutter im Rollstuhl in die Küche und beginne mit den Vorbereitungen für das Essen, an die 15 Leute werden wir sein, die Stammbelegschaft am Hof mit allen Kindern und Enkeln. Es wird mühsam. Kaum nehme ich etwas in die Hand und möchte mit dem Kochen beginnen, will Mutter aufstehen und mich in ihren Bann ziehen. Ich habe Angst, dass sie fällt, schiebe den Rollstuhl fest an die Tischkante und hoffe, dass sie eine Weile Ruhe gibt. Ach was, sie rüttelt und zerrt und schiebt und stößt und haut mit der Faust auf den Tisch. Dabei sieht sie mich herausfordernd an. Winkt mir, ich soll zum Tisch kommen, sie will mich ganz.

Nach ihrem Tod werde ich diese Szenen schmerzlich im Kopf behalten und mir wünschen, mehr auf ihre Bedürfnisse eingegangen zu sein, diese kurze Zeit vor dem langen Tod bewusster gestaltet, ihre Angst vor dem Sterben mit meiner Geduld gemildert zu haben. Aber das Leben ist anderswo. Ich habe das Essen im Kopf, die Kinder, das schöne Wetter, die Freunde, meinen Mann und die Sorge, wie unser Leben weitergehen wird, denn es geht ihm offensichtlich nicht gut. Es ist anscheinend wirklich eine dumme Idee von mir gewesen, Mutter ein Wochenende lang zu holen. Der einzige Nutzen ist mein Gewissen, das ich damit beruhige, die endgültige Gewissheit, dass unsere Entscheidung für das Heim richtig war. Mutter aber hat den Stress einer neuen Umgebung, sie erinnert sich ja nur mehr, wenn überhaupt, bruchstückhaft daran, dass sie in den letzten vier Jahren einen Großteil ihrer Zeit hier mit uns verbracht hat. Für sie muss es bedrohlich sein, aus den Gewohnheiten und Geräuschen und Gerüchen der vergangenen drei Wochen gerissen zu sein. Wie sagte sie einmal zu mir, als ich sie wegen ihrer Unruhe gerügt hatte: „Es ist doch bei mir das Heimatlose ...“

Einmal fragte ich meine Eltern, warum sie nie etwas gegen Hitler unternommen hätten, und meine Mutter sagte nachdenklich zu mir: „Ach Mädchen, du hast ja gar keine Ahnung, wie das damals war.“ Und ich

Mondo 2006

beharrte auf einer Antwort, quälte sie, verlangte Auskunft, denn ich hatte das erste Mal Fotos von ermordeten Kindern im KZ gesehen. „Wir haben von all dem nichts gewusst“, sagte meine Mutter. Ich glaubte ihr, ich glaubte ihr nicht. Nicht in der Schule, nicht von den Eltern hatte ich vom antifaschistischen Widerstand etwas gehört, sondern von Kommunisten in Westberlin. Dort engagierte ich mich in der Zeit der aufbegehrenden 68er-Generation. Meine Eltern konnten das nie verstehen, aber sie tolerierten es.

Ich versuche an diesem Osterwochenende, alles wie gewohnt ablaufen zu lassen: Nach dem Abendessen, an dem Mutter kaum etwas zu sich nimmt, bringe ich sie in ihr Zimmer, das wir bisher nicht verändert haben, schließe die Fensterläden, schalte das Licht an, das die ganze Nacht brennen wird. Zähneputzen, aufs Klo gehen, frische Windeln, das alles ist schon sehr mühselig geworden, weil Mutter kaum noch mithelfen kann. Vorsichtshalber gebe ich ihr ein leichtes Schlafpulver, in der Hoffnung auf eine friedliche Nacht. Auch das ist mühsam, sie will es immer wieder ausspucken. Als sie endlich in ihrem vorgewärmten Bett liegt, habe ich den Eindruck, dass sie erleichtert ist. Und ich bin zuversichtlich, dass sie ihre Ruhe findet. Bis elf Uhr nachts, als wir uns gerade niederlegen wollen.

Aus Mutters Zimmer ist ein Gestöhne und Gebrabbel zu hören, das mich immer wieder aus dem Bett treibt vor Angst, sie könnte aufstehen und stürzen, so wie es in der ersten Nacht hier der Fall war. Unentwegt ruft sie, unentwegt stehe ich auf und beruhige sie. Mein Mann und ich wechseln uns ab. Das geht die ganze Nacht so. Plötzlich steht sie im Nachthemd an meinem Bett und ich kann sie gerade noch auffangen, weil sie alle Verantwortung für ihre Körperfunktionen abgegeben hat. Ich wickele sie und ziehe sie neu an, bringe sie zurück in ihr Bett und stelle einen schweren Sessel davor in der Hoffnung, dass sie nicht drübersteigen und sich alle Glieder brechen wird. Am Morgen bin ich gerädert.

Nach dem Frühstück fahren wir zurück nach Wien. Die Probe aufs Exempel hat ergeben: Es ist für uns nicht mehr leistbar, Mutter häuslich zu betreuen. Sie ist zu schwach, wir sind zu schwach. Diese Gewissheit habe ich wohl gebraucht, und ich bin auf eine Art erleichtert, als wir im Heim eintreffen. Dieser Härtetest hat mir gezeigt, dass wir schon die längste Zeit über unser Limit gelebt haben.

ஐ.ஐ

Mutti liegt im Bett, als ich sie morgens besuche. Ganz klein. Mit offenen Augen starrt sie an die Decke. Sie hängt an einer Infusion, nichts Schlimmes, sagt die Schwester, aber sie braucht Flüssigkeit. Im Arm hält sie ihre Puppe, auf dem Kopfpolster thront der weiße Bär. Im Schwesternzimmer kläre ich ab, welche Medikamente sie bekommt. Ein Zahnarzttermin ist fällig, sagt die Schwester, sie wird die Zahnärztin des Hauses verständigen. Das wird für Mutter wieder eine Quälerei, und für uns teuer.

Kleines Frauchen! Eine große Freude für mich war, dass Du mir den Wunsch betreff der Haarlocke von Dir erfüllt hast. Ich habe das Haar in einer kleinen Blechschachtel verwahrt und trage es in der linken Rocktasche, am Herzen. Du kannst das als sentimental und absurd auslegen, mir ist es mehr als ein Stück Haar, es ist ein Stück von Dir. Viele Küsse Dir und den Kleinen, Dein Hans. (Aus einem Brief meines Vaters an meine Mutter von der Front in Italien, 25. 1. 1945)

Am Nachmittag, als ich noch einmal vorbeischaue, sitzt Mutter vorn übergebeugt im Rollstuhl zwischen den Alten im Aufenthaltsraum und fixiert das Plastiktischtuch, auf dem verblichene Blumen und Kuchenkrümel zu sehen sind. Immer wieder fährt ihre Hand über das klebrige Plastiktuch. Im Fernsehen läuft die Karlich-Show. Niemand schaut hin, alle nicken und dösen in einer zeitlosen Zwischenwelt vor sich hin. Und wieder trifft mich Mutters Blick, der aus einer wissenden und hoffnungslosen Ferne zu kommen scheint. Draußen das zarte Grün der benachbarten Gärten. Die Sonne scheint. Ich schnappe mir Mutter, setze sie in ihren Rollstuhl und fahre hinaus ins Freie. Das ist das einzig Sinnvolle, das ich jetzt tun kann, um diesem Warteraum zur Ewigkeit zu entkommen.

ஐ.ஐ

Julius ist tot.

ஐ.ஐ

Am 17. April ist mein Mann gestorben. Plötzlich, unerwartet, ohne wirkliche Vorwarnung, sehr krank, sehr hoffnungslos, sehr einsam, sehr mutig. Heute, ein knappes Jahr später, kann ich nur Fragmente aus dieser Zeit wiedergeben. Als hätte mein Mann meiner Mutter die Hand gereicht, ist sie acht Wochen später, am 18. Juni, gestorben.

Die Hilfe meiner Kinder, Enkelkinder und unserer vielen Freundinnen und Freunde hat mich in den Wochen nach dem Tod meines Mannes beschützt und vor unüberlegten Handlungen bewahrt; sie nahmen mir zunächst auch die täglichen Besuche in Mutters Pflegeheim ab.

Am 13. Juni erreicht mich der Anruf in einem Konzert, zu dem mich eine Freundin überredet hatte. Meine Mutter habe Atemaussetzer bekommen, wird mir gesagt, sie habe sich offensichtlich verschluckt, genau wisse man es nicht. Das Pflegeheim ließ sie mit der Rettung ins Spital bringen.

Ich eile in dieser Nacht zu ihr. Meine Tochter Anja, die nach dem Tod meines Mannes mit ihren beiden Kindern vorübergehend zu mir gezogen ist, hat mich benachrichtigt und ist schon dort. Mutter liege im Sterben, der Arzt bestätigt es. Ob er das sicher wisse, frage ich. Es gebe keinen Zweifel.

Ganz weit weg ist sie, der Puls jedoch normal. Ein weißes Dreieck zeichnet sich zwischen Nase und Mund ab. Schlaf in Frieden ein, Mutti, denke ich. Sie hat lange Atemaussetzer. Meine Tochter Katja kommt mit ihrem Mann Michi. Wir bleiben die Nacht über im Spital und halten Mutters Hand. Sie scheint keine Schmerzen zu haben.

Meine beiden Töchter und ich wechseln uns ab mit unserer Wache. Seit 20 Stunden ringt Mutter mit dem Tod. Zwischendurch bäumt sie sich auf und schaut mit großen und fremden Augen – uns an? Ins Leere? Ihre Urenkel verabschieden sich von ihr. Sie stehen still und nachdenklich an ihrem Krankenbett und nehmen ehrfurchtsvoll die Unverständlichkeit des Sterbens wahr. Was geht in einer Elf- und einer Fünfzehnjährigen, die voller Neugier auf ihr künftiges Leben blicken, in einem solchen Augenblick vor?

Mutter liegt still, nur ihr Atem rasselt. Ich hoffe, sie kann in Ruhe gehen. Ab und zu stöhnt sie „ach“, aber sie ist schmerzlos, versichern mir die Ärzte. Dann wieder setzt ihr Atem aus. Beklemmende Angst. Es folgt ein tiefer Schnarcher. Erleichterung. Gut, dass die Enkelkinder sich von ihr verabschiedet haben, denke ich. Auch meine Schwester Chris ist froh, Mutter vor einigen Tagen noch einmal besucht und sie aus großer Nähe erlebt zu haben. Ich halte ihre Hand – ein Leben Arbeit steckt darin.

Wie oft habe ich mich gefragt, wie ihr Sterben sein würde. Dass sie einfach einschläft, dachte ich. Und so wird es auch sein, hoffe ich – aber dass es so lange dauert? Sie ist in einer Zwischenwelt angelangt – zwischen Leben und Tod, und die meiste Zeit in tiefer Bewusstlosigkeit, oder nicht? Denn sie merkt, dass ich da bin. Grüß mir den Hans und den Julius, wenn du ankommst, flüstere ich ihr ins Ohr – die warten schon auf dich. Oder gehen wir noch ein Glas Wein trinken, frage ich sie und mir scheint, sie lächelt. Nun trittst du deine letzte große Reise an, sage ich zu ihr.

Vor genau vier Jahren kam Mutti zu uns. Nun liegt sie im Sterben, wie der Arzt mir wieder bestätigt. Seit Mittwoch stirbt sie. Keine Schmerzen, sie schläft tief. Gestern ging es ihr nachmittags wieder viel besser, sie hat sich aufgerichtet, unruhig mit den Händen gestikuliert, als wolle sie etwas, das in weiter Ferne liegt, greifen. Was, frage ich mich, wenn es nun doch nicht ihr Todeskampf ist? Nehme ich sie mit zu mir nach Hause? Ich hatte mir doch vorgenommen, sie bis zum Schluss zu Hause zu betreuen. Der Arzt versichert mir, dass sie das Spital nicht mehr wird verlassen können.

Zu fünft sitzen wir in dem kleinen Raum, der wohl ein Sterberaum des Spitals ist – vier Generationen: Mutter, Tochter, Enkel und Urenkel. Meine jüngere Tochter, die seit mittags hier ist, während ich mich etwas ausgeruht habe, erzählt mir, dass ihre Oma sehr unruhig gewesen sei. Also habe sie sich kurzerhand zu ihr ins Bett gelegt und sie gehalten, gestreichelt und umarmt. Das habe sie beruhigt, sagt sie.

Jetzt, gegen Abend, ist sie ruhig. Ab und zu schnauft sie tief, ihr Gesicht ist eine Totenmaske. Sie scheint aber zu merken, dass sie nicht alleine ist. Ihre Urenkel sitzen auf ihrem Bett am Fußende und wir drei anderen stehen um das Bett herum, setzen uns auf die Kante, gehen im Zimmer auf und ab, manchmal auf den Gang. Mitten in diesem Sterben, in diesem Vorzimmer zum Tod, gibt es dennoch Leben: Die Kinder erzählen von der Schule, dann spielen wir Stadt-Land. Mutter ist, wie in all den Jahren, mitten unter uns, mir scheint, sie spürt das.

Die Kinder und Enkel gehen nach Hause. Markus, der Sohn meines Mannes, kommt, um sich von ihr zu verabschieden. Er hatte Mutter auch hin und wieder betreut. Die Krankenschwester rügt, wir würden zu viel Unruhe machen, das sei nicht gut für die Sterbende. Woher weiß sie das? Ist sie schon einmal gestorben? Was wissen wir vom Leben der Sterbenden? Ich sage, dass diese Unruhe das Leben meiner Mutter ausgemacht hat, sie habe zeitlebens bis zum Schluss viele Kinder um sich gehabt. Ich denke, das sei ihr vertraut und es würde vielleicht ihre Angst mildern, wenn sie merkt, dass wir alle bei ihr sind.

Ich bleibe noch bis weit in die Nacht. Erinnere mich an früher, spüre Dankbarkeit für alles, was meine Eltern für uns Kinder getan haben. Machen wir ihr mit unserer Anwesenheit den Abschied schwer?

Am nächsten Tag dasselbe Bild. Mutter hängt an einer Infusion. Keine Schmerzen, versichert mir der Arzt wieder. Ich hatte zuvor als Sachwalterin meiner Mutter mit ihm besprochen, dass keine künstlichen, lebensverlängernden Maßnahmen getroffen werden sollen. Mutters Gesicht ist wächsern, sie röchelt, macht einen tiefen Schnaufer, und dann wieder höre ich sie lange Zeit nicht atmen, und mich überkommt Angst. Ihr Mund ist weit offen. Ich befeuchte Lippen und Mundhöhle, bitte die Schwestern, sie auf die andere Seite zu betten, denn mir scheint, sie verharrt schon zu lange in dieser einseitigen Position.

Die Schwester bringt eine Duftlampe herein mit einem wohlriechenden Öl, es erleichtere das Loslassen, sagt sie. Ob sie denn noch jemanden hätte, von dem sie sich verabschieden wolle, fragt sie, denn sie nimmt gar so schwer Abschied. Ich sage, es sei der älteste Sohn, der noch fehlen würde, den sie lange nicht mehr gesehen hätte und der den Kontakt zu ihr abgebrochen habe.

Ich rufe meinen großen Bruder in Berlin an und bitte ihn eindringlich, doch herzukommen. Nein, sage ich zu ihm, in ein paar Tagen ist es zu spät, du musst gleich kommen, oder gar nicht. Er verspricht es.

Am nächsten Morgen, es ist ein Sonntag, kommen er und seine Frau. Mutter ist, als die beiden ans Bett treten, unruhig, schlägt mit dem Arm gegen

das Bettgitter. Ich lasse die drei den Vormittag über alleine. Als wir nachmittags wieder ins Krankenhaus kommen, ist Mutter ruhig. Mein Bruder ist betroffen, sehr nachdenklich, dankbar und erleichtert darüber, dass ich ihn gerufen habe. Ich glaube, allen ist eine große Last genommen.

ꕤ

Meine Mutter stirbt am darauffolgenden Tag. Sie hat sich eine Pause ausgesucht, in der meine Tochter und ich uns mit der Wache ablösen wollten. Wir gehen ein letztes Mal in das Krankenhaus, zünden eine Kerze an und verharren lange und still an ihrem Bett. Ihr Gesicht drückt ein großes Staunen aus.

ꕤ

Mutter wurde, wie sie es mir gegenüber als Wunsch geäußert hatte, in der Feuerhalle in Wien verbrannt. Es war eine ruhige, stille Feier im engsten Familien- und Freundeskreis. Von ihren Kindern war nur ihr jüngster Sohn zur Verabschiedung nach Wien gekommen, die anderen waren aus beruflichen oder anderen Gründen verhindert. Als letzten Gruß habe ich vier Kantaten von Bach und Variationen für Violinchello von Max Bruch ausgesucht, meine Schwester sagte mir einmal, dass meine Mutter bei dieser Musik immer mitgesummt habe, wenn mein Vater sie aufgelegt hatte. Ihre Enkelin Katja hat einen letzten Gruß formuliert, den ihre Enkelin Anja vorgetragen hat. Meine Schwester Chris hat folgenden Abschiedbrief geschrieben, den unsere Freundin Sissy an ihrer Stelle in der Feuerhalle verlesen hat:

Liebste Mutti!

Nach langem, geduldig ertragenem Fortgehen aus einer Welt, die Du nicht mehr wirklich hast begreifen und bewusst erleben dürfen, bist du in Frieden eingeschlafen. So haben es Dir alle, die Dich geliebt, betreut und beschützt haben, von ganzem Herzen gewünscht.

Dennoch fehlst Du uns nun, fehlt uns die tapfere Else, die zusehends kleiner, leichter, kindlicher wurde, deren Blick sich immer häufiger in unbekannte Fernen verlor und die doch immer wieder ein Lächeln auf ihr Gesicht gezaubert und fast nie vergessen hat, sich zu bedanken, wenn man gut zu ihr war.

Ich, Deine Tochter Christa, hatte das Glück, Dich in Deinen letzten Tagen erleben zu dürfen. Da gab es Momente, in denen mir schmerzlich bewusst wurde, wie leidvoll Dein Ausharren für Dich sein musste. Aber Du bist Deinen Weg bis zum Ende ohne Klagen, Jammern und in bewundernswerter Würde gegangen.

Ein Geschenk für mich waren Dein Lächeln und Deine ausgestreckten Arme, als ich Dich kurz vor Deinem Tod besuchen kam und Du mich anscheinend als einen vertrauten Menschen wahrgenommen hast. „Komm“, hast Du geflüstert, mir die Hände entgegengestreckt und den Mund spitz gemacht, so dass ich Dir einen Kuss geben konnte. Und als ich später gehen wollte, hast Du sehr leise, aber doch verständlich gesagt: „Bleib“. Das hat mich tief berührt, und voller Wärme werde ich diese Momente in meiner Erinnerung bewahren. Wahrscheinlich hast Du zeitweise mehr, als Deine Demenz vermuten ließ, mitbekommen.

So bin ich sicher, dass Du die liebevolle, entbehrungsreiche Fürsorge Deiner Tochter Bärbel und Deines Schwiegersohnes Julius gefühlt hast. Für mich als Bärbels Schwester, die Euer Zusammenleben aus der Ferne beobachten und zeitweise zum Glück daran auch aus der Nähe teilhaben konnte, war es eine große Beruhigung, Dich in so liebevoller, aufrichtiger und verlässlicher Obhut zu wissen. Wie oft hat Julius Dich herumkutschiert und ist mit Dir in einem Café eingekehrt, weil eine andere Beschäftigung nicht mehr möglich war, oder um Bärbel zu entlasten. Er hat mit Dir gemalt, hat das Wunder vollbracht, Dich in den See zu locken, obwohl Du nie im Leben hast schwimmen wollen. Hat Dich in Deinen „grantigen" Stunden mit seinem Humor zum Lachen und wieder Aufleben gebracht und war Dir ein Sohn geworden, den Du „mein Junge" genannt hast.

Er wartet auf Dich, liebste Mutti, er ist vor Dir auf die lange Reise in die Ewigkeit gegangen und hat Dir einen guten Aussichtsplatz auf einer Wolke reserviert, direkt neben Deinem Hans.

Freu Dich auf die beiden Lästermäuler, die auf uns Zurückgebliebene herabschauen und bestimmt alles besser wissen.

Ich bin Julius dankbar, der Dich so selbstverständlich in der Familie aufgenommen und all die schwierige Pflege mitgetragen und unterstützt hat, die Bärbel Dir hat angedeihen lassen. Deine Demenz brachte es ja mit sich, dass Du wie ein Kleinkind versorgt, Tag und Nacht behütet werden musstest. Wie ein Engelchen bist Du nachts oft mehrmals im Nachtgewand durch die Wohnung gegeistert und hast gesucht – ohne zu wissen, wonach. Bärbel hat Dich trotz schlafloser Stunden immer wieder geduldig aufgefangen. Dass Du Sehnsucht nach zu Hause hattest, konntest Du klar zum Ausdruck bringen. Zu Hause, das war Berlin, das hast Du schmerzlich vermisst, darüber warst Du traurig. Du fühltest Dich vom vertrauten Ort, den vertrauten Menschen, abgeschoben, abgestellt, vergessen.

Bärbel und Julius haben ihr Bestes gegeben, um Dir diesen Verlust zu ersetzen. Manchmal, in Deinen kurzen wachen Gedächtnismomenten, schien es, als wüsstest du über alles und alle Bescheid, als hättest Du jedes einzelne Deiner vier Kinder durchschaut. Denn so lange Deine Sprache noch funktioniert hat, war Deinen mehr und mehr fantastischen, originellen Wortschöpfungen und Satzbildungen noch erstaunlich Sinnvolles zu entnehmen.

Im Februar dann, als ich Bärbel und Julius zwei Wochen in der Pflege ablösen wollte, wurdest Du krank und bekamst hohes Fieber. Du hast 24 Stunden ohne Unterbrechung vor Dich hin geredet, unverständlich, doch kraftvoll und mit tiefer Stimme. Danach bist Du verstummt. Deine Sprache hat Dich verlassen, wie auch die physische Kraft, die zwischenzeitlich immer wieder noch Oberhand gewonnen hatte.

Nun bist Du erlöst und wirst es leicht haben.

Du hast eine von schwerer Krankheit gezeichnete, durch Benachteiligung bedrückende Kindheit durchlebt und in der ersten Zeit Deiner Umsiedlung nach Wien davon gesprochen. Deine Demenz knüpfte an die Ängste Deiner Kindheit an. Die Menschen Deiner Vergangenheit hast Du in positivem wie negativem Sinn wieder aufleben lassen, Mutter, Schwester Helene, Marie und vor allem Hertha, die so früh hatte sterben müssen. Zu Hertha hattest Du eine innige Beziehung, und ihren Tod hast Du nie verwinden können. In den Tagen Deiner Alterskrankheit hast Du oft nach ihr gefragt.

Später hast Du die Personen Deines früheren Lebens mit denen, die Dich betreuten, durcheinandergewürfelt. Und so wurde Deine Tochter Bärbel manchmal Deine Mutter.

Ich glaube, dass sie und Julius Dich durch ihre aufrichtige Liebe und fürsorgliche Begleitung für alle Entbehrungen und allen Kummer, für menschliche Enttäuschungen und böse Erfahrungen entschädigt haben. Auch Deine Enkelkinder Katja mit Michi, Anja, Tatjana und Kathi haben Dir selbstverständlich bis zur Stunde deines Weggangs zur Seite gestanden, Dich beschützt und Dir durch ihre Anwesenheit ihre Zuneigung gezeigt.

Meine liebe Mutti, ich danke Dir für alles, was Du mir und unserer Familie trotz entbehrungsreicher Zeiten Gutes hast zukommen lassen. Du warst großzügig – nicht zu Dir selbst, denn Du hast Dir nichts gegönnt, hattest auch weder Kraft noch Mut, einzufordern oder Dir zu nehmen, was Dir zustand – aber du warst großherzig zu Deinen Kindern. Dir habe ich zu verdanken, dass meine Kindheit und Jugend von Deiner Gastfreundschaft und Offenheit für meine Freunde geprägt war und ich daran selbst Großzügigkeit und Großherzigkeit lernen durfte.

Dafür möchte ich Dir noch einmal danken. In liebevollem Andenken nehme ich Abschied und beziehe unsere Kinder Veronika mit Stefan, Fa-

bian und meinen Mann Hermann sowie Deine Urenkel Annika, Georg und Melissa mit ein.

Deine Tochter Christa

Mutters Urne wurde später nach Berlin überführt und an der Seite ihres Mannes Hans, ihrer Schwester Helene und ihrer Tante Mariechen beigesetzt. Dort waren alle ihre Kinder, Enkel und Urenkel und die wenigen noch lebenden Verwandten versammelt.

Nach ihrem Tod habe ich eine große Leere empfunden. Dann ist die Trauer gekommen, die Einsamkeit. Es war mit ihrer Betreuung eben auch so viel mit meinem Mann verbunden. Unsere letzten vier Jahre, die so anstrengend waren, haben uns durch die Pflege sehr nah zueinander gebracht. Wir haben uns beide von einer ganz neuen, fürsorglichen Seite kennen gelernt. Dafür bin ich dankbar und es versöhnt mich in gewisser Weise mit dem Unabänderlichen.

Verwendete Literatur:

Die im Text mit (*) gekennzeichneten Stellen betreffen Zitate aus den folgenden Büchern:

(1*) *Naomi Feil:* Validation. Ein Weg zum Verständnis verwirrter alter Menschen, München/Basel 2002

(2*) *Werner Vogt:* Reise in die Welt der Altenpflege, Wien 2005

(3*) *Gerald Gatterer, Antonia Croy:* Leben mit Demenz. Praxisbezogener Ratgeber für Pflege und Betreuung, Wien/NewYork 2005

Weiterführende Literatur:

Erich Schützendorf, Helmut Wallrafen-Dreisow: In Ruhe verrückt werden dürfen. Für ein anderes Denken in der Altenpflege, Frankfurt a. M. 1993

Erwin Böhm: Verwirrt nicht die Verwirrten. Neue Ansätze geriatrischer Krankenpflege, Bonn 1996

Elisabeth Kübler-Ross: Verstehen, was Sterbende sagen wollen. Einführung in ihre symbolische Sprache, München 2000

Verena Kast: Trauern. Phasen und Chancen des psychischen Prozesses, Stuttgart 1999

Alle Zeichnungen in diesem Buch sind von Julius Mende.

KULTURGESCHICHTE
im Promedia-Verlag

Maurits Verzele:
„Der sanfte Tod“
Suizidmethoden und Sterbehilfe
128 Seiten, € 11,90; sFr. 21,90
ISBN 978-3-85371-257-3

Jules Michelet:
„Die Hexe“
296 Seiten, € 15,90; sFr. 29.-
ISBN 978-3-900478-17-9

Julius Mende:
„Die sexuelle Welle“
Zwischen Sinnlichkeit und Vermarktung
208 Seiten, reich, tw. farbig bebildert, € 15,90
ISBN 978-3-85371-266-6

Gabriele Habinger:
„Frauen reisen in die Fremde“
Diskurse und Repräsentationen von reisenden Europäerinnen
im 19. und beginnenden 20. Jahrhundert
400 Seiten, € 29,90; sFr. 49,90
ISBN 978-3-85371-254-2

Dan Jakubowicz:
„Genuss und Nachhaltigkeit“
Handbuch zur Veränderung des persönlichen Lebensstils
160 Seiten, bebildert, € 15,90
ISBN 978-3-85371-191-0

Thomas Rothschild:
„Das große Übel der Bourgeoisie“
Über die 68er, gute Manieren und Kleiderordnungen,
ferner über die Sozialdemokratie, über Charles de Coster, Isaak Babel, Irmgard
Keun, Frank Capra, Alain Tanner
und Ken Loach sowie über Rockmusik
144 Seiten, € 9,90; sFr. 18,10
ISBN 978-3-85371-217-7